바스코 다 가마 범선 모형.

Legacies of Eurasian Nomads and Seafaring Conquerors

Photographs & Essays by Kim Kwang-Sik

세계의 역사마을·3

– 아시아 유목민과 유럽 항해 정복자들

글·사진 김광식

눈빛

김광식(金光植)은 서울 출생으로, 서울대 언어학과를 졸업하고
문화공보부(현 문화체육관광부)에 들어가 공직생활을 한 이래 해외홍보와
문화예술 분야에 30여 년 재직한 문화예술행정가이다. 그는 이중에
일본, 미국, 영국 및 홍콩 등 해외에서 모두 16년 동안 근무하면서
풍부한 해외경험을 쌓았다. 국내에서는 해외공보관(현 해외문화홍보원) 외보과장(1973),
문화예술국장(1982), 국립중앙박물관 사무국장(1985), 국립영화제작소(현 한국정책방송원)
소장(1987)을 역임했다. 1997년부터 4년 동안 고려대 초빙교수로 재직한 바 있으며,
1999년 안동 하회마을 조사를 계기로 유네스코 문화유산 보존업무에 관계하기 시작했다.
현재 ICOMOS(국제기념물유적협의회) 한국위원으로 세계 여러 나라를 다니며
세계문화유산 보존업무에 참여하고 있다.

세계의 역사마을·3
-아시아 유목민과 유럽 항해 정복자들

글·사진 김광식

초판 1쇄 발행일 ― 2013년 5월 20일 / 발행인 ― 이규상 / 편집인 ― 안미숙
발행처 ― 눈빛출판사 서울시 마포구 상암동 1653 이안상암2단지 506호 전화 336-2167 팩스 324-8273
등록번호 ― 제1-839호 / 등록일 ― 1988년 11월 16일 / 편집·디자인 ― 김보령, 성윤미
인쇄 ― 예림인쇄 / 제책 ― 일광문화사
값 18,000원

ISBN 978-89-7409-964-0 03980

서문 이번 제3권으로 '세계의 역사마을'이란 세계유산 역사문화기행을 끝내려고 한다. 이번 기행은 2009년 초여름 발칸 지방과 터키 답사를 시작으로 하여 2012년 11월 필리핀 비간에 열린 이코모스 회의 참석 기회에 입수한 자료를 엮어 '아시아 유목민과 유럽 항해 정복자들'이라고 붙여 보았다. 유목민족의 문화적 흔적을 찾아 카자흐스탄, 터키 및 발칸 반도를 여행하였고, 유럽 항해 정복자의 자취를 동남아시아와 남중국 및 서일본에서 찾아보았다. 그들이 남긴 흔적이 대단한 문화유산이 된 것이다.

맨 처음(2005년)에 내놓은 『세계의 역사마을·1』은 책의 제목이 가리키는 바와 같이, 주로 유네스코 세계문화유산 가운데 농사와 목축을 주업으로 하는 전원 자연부락 단위의 세계문화유산을 다룬 것이었다. 예부터 농사를 짓는 곳에서만 마을 단위의 취락이 형성된다마는, 이런 것들은 현대화 산업화로 거의 없어졌다. 이런 곳을 가 본 것이다. 제2권에서는 중국의 실크로드를 따라가 보았다. 사막과 초원에서 살아가는 사람들은 유목민이다. 유목민족은 항상 가족 단위로 목축과 더불어 옮겨 가면서 살게 되니까 주거유적이 남지 않고 마을을 일굴 필요가 없었다.

현대 중국 국경 넘어서 중앙아시아와 유럽 일부에 몽골로이드 계통의 유목민족이 널리 펴져 살면서 교역과 문화접촉의 자취를 남겼지만, 이들은 이렇다 할 기념물 유적을 남기질 못했다. 그러나 이런 사막과 초원의 사는 사람들이야말로, 동서양을 연결하고 문화를 주고받으며, 활발한 교역활동을 해 와서 근대에 이르기까지, 서로 자극을 주면서 문명 발달에 커다란 기여를 한 사람들이다.

한민족과 북방에서 대결하던 유목민족 중 투르크족은 AD 630-734 사이 당(唐)과의 대결에서 멸망한 뒤 이렇다 할 국가를 세우지 못하고 서진하여 오스만 터키제국을 세운다. 오스만제국은 1453년 비잔틴제국을 넘어뜨리고 이스탄불을 제국의 수도로 삼으면서 지중해의 패자가 되었다. 오늘의 중앙아시아 5개국 중 타지키스탄을 제외하면 전부 투르크 계통의 민족이다.

한편 지중해가 투르크족의 손에 넘어가자 베네치아와 같은 도시국가가 쇠락하고 유럽 민족은 마침 기술적 발전을 이룩한 항해술의 덕을 보아 신대륙 아메리카를 발견하고, 아프리카를 우회하는 아시아 항로를 개척하여 육로의 실크로드 못지않은 대양 항해시대를 연다. 오스만 터키가 지중해를 장악한 지 수십 년 안에 일어난 현상이다. 그리하여 이 책의 부제를 '바다의 실크로드'로 정했다가 탈고한 후 부랴부랴 '아시아 유목민과 유럽 항해 정복자들'로 고친 것이다.

첫 권서부터 이번까지 나의 변변치 못한 저술을 출판해 준 눈빛출판사 이규상 사장과 편집을 맡아 준 편집자분들께 심심한 사의를 표한다.

2013. 4.

김광식

세계의 역사마을·3

– 아시아 유목민과 유럽 항해 정복자들

차례

UNESCO
United Nations
Educational, Scientific and
Cultural Organization

World
Heritage

■ 세계유산(World Heritage)과 세계문화유산(World Cultural Heritage)

우리가 흔히 사용하는 '세계문화유산'은 '세계유산'의 하위개념이다. '세계유산' 안에는
'세계문화유산'과 '세계자연유산(World Natural Heritage)' '세계혼합유산(World Natural Heritage)'
등 세 종류가 있다. 외국의 경우 굳이 이를 구분하지 않고 '세계유산'으로 통칭하는 것이 보통이다.
이 책에서는 우리나라의 특성상 '세계유산'과 '세계문화유산'을 혼용해 사용했다.

■ 중국 지명 표기

중국의 역사 지명으로서 현재 쓰이지 않는 것은 우리 한자음대로 하고, 현재 지명은 중국어 표기법에
따르고 한자를 병기하였다. 중국 지명 가운데 한자음으로 읽는 관용이 있는 것은 이를 허용하였다.
예: 둔황(敦煌), 간쑤성(甘肅省), 란저우(蘭州), 黃河 – 황하, 河西回廊 – 하서회랑 등

■ 사진자료 출처

1. 작가가 촬영한 영상을 제외한 자료의 출처는 해당 자료 밑에 저작자와 출처를 명기하였다.
2. 인터넷을 통해 입수한 자료는 다음과 같다.

　　CCL(Creative Commons License): 자신의 창작물에 대하여 일정한 조건 하에 다른 사람의 자유로운 이용을
허락하는 자유이용 라이선스(License)로서 허가자를 명기했음.

　　　ⓕ 저작물의 시효가 만료되어 PD(Public Domain, 공공재산)이 된 저작물
　　　ⓒ 저작자의의 허락을 얻은 저작물
　　　예: ⓒ Can Stock Photo_저작자(CSP는 유료 다운 사진)

1. 바다의 실크로드로 들어가며

텐산남로가 타클라마칸 사막과 파미르 고원을 넘는 아주 힘든 교역로로서 인도와 남부 중앙아시아 건조사막지대를 잇는 실크로드인 것과 비교하여, 중가리아 분지에서 카자흐스탄 초원지대를 지나는 텐산북로로 전개되는 스텝 로드(Steppe Road)는 동서문명이 교차 접촉된 곳이다. 이 길을 통하여 수많은 민족이 이동하고 전쟁을 벌인 끝에 문화를 서로 나누어 갖게 되었다.

기원 2세기까지 활발하게 한족과 대결하다 밀려난 흉노족은 서쪽으로 이동하다가 사라져 버려 그 후예가 누구인지 분명하지 않다. 다만 4세기경에 이르러 카스피 해 동쪽에서 남하하여 로마를 괴롭히고 게르만 민족의 대이동을 촉발시킨 훈족이란 설이 유력하나 분명하진 않다. 돌궐족도 중국 한족과 오랜 상쟁 끝에 6세기에서 8세기 사이에 한족에 밀려 멸망하고 분리되어 서부로 진출하였다.

오늘날의 터키에까지 다다른 것은 12세기. 터키 민족은 서진하면서 문화적 정체성을 잃지 않으면서 긴 역정을 통해 이란 계통 민족과 혼혈이 되고 이슬람을 믿게 되었다. 그리고 9세기에서 10세기경에는 중앙아시아 군주와 호족의 고용병으로 대거 채용되면서 용맹스런 민족성 때문에 신뢰를 얻고 탄탄한 기반을 쌓아갔다. 강성해진 터키 민족은 급기야 셀주크 왕조를 세워 아나톨리아로 진출하였고, 13세기에는 술탄 무함마드가 오스만 터키제국을 건설하여 쇠잔한 비잔틴제국의 영토를 점령 잠식하여 1453년에는 철옹성으로 유명한 콘스탄티노플을 함락시켰다. 비잔틴제국 즉

위. 카자흐스탄 스텝 로드.
아래. 교역의 중심지가 된 싱가폴 항구.

1100년 된 기독교의 동로마제국을 멸망시키고 이슬람제국이 대신 차지하게 된 것이다.

거대 제국이 된 오스만 터키는 발칸 반도를 진격하여 1521년 오스트로-헝가리왕국을 위협하며 빈을 포위한다. 이렇게 하여 오스만 터키는 지역의 맹주로서 굴곡은 있었지만 제1차 세계대전 후 1922년까지 600년 동안 지속되었다. 오늘날 중앙아시아 5개국은 타지키스탄을 제외하면 전부 몽고-투르크계에 속하는 민족이다. 터키 북방의 아제르바이잔도 투르크계 민족국가이다. 오늘날 투르크계 언어사용 인구는 약 2억 명을 헤아린다.

이렇게 강성해진 터키 민족제국은 지중해의 맹주가 되면서 당시까지 동서교역으로 번영을 누리던 베네치아공화국이 쇠잔해지기 시작하는데, 바로 동서무역로를 터키에게 빼앗긴 때문이었다. 이러한 역사적 환경 아래서 15세기 대항해 시대가 시작된다. 이슬람교를 믿는 유목민족 제국이 아나톨리아 반도와 중동 및 북부 아프리카를 차지하게 되자 이제까지 홍해와 아라비아 반도를 매개로 하는 아시아 무역의 장벽이 생기게 되자 유럽 국가는 대안을 모색하게 되고 맨 먼저 이런 데드락(dead lock)을 타개한 것이 스페인이 재정을 지원하여 이루어진 콜럼버스의 아메리카 원정과 발견이다. 이런 새로운 항로를 개척할 수 있었던 국가는 지중해가 아니라 대서양에 연한 나라들이다. 스페인에 신대륙 선점을 빼앗긴 포르투갈은 아프리카 대륙을 남

역사 속의 홍콩총독부.

하 우회하여 인도양으로 빠진 다음 인도 고아에 식민지를 설치하고 계속 동점하여 말레이 반도를 거쳐 마카오에 1515년에 도달한다.

때마침 14세기 원의 멸망 이후 명은 내륙까지 지배하지 못했다. 중앙아시아 넓은 지역에 맹주도 나타나지 않은 상태에서 실크로드의 교역은 쇠락하였고, '바다 실크로드'로 기능을 이전하기에 이른다. 이때까지 인간은 육지가 보이는 연안을 따라 조그마한 배에 노를 저어 가는 초보적인 항해술을 구사한 데 불과하였다. 그러다가 별을 보고 방향을 가늠하고 나침반을 만들어 북극을 확인하면서 항해하는 기술이 도입되었다. 이윽고 범선(帆船)을 만들어 바람을 항해에 이용하기에 이른다. 계절에 따라 바뀌는 무역풍을 시기적절하게 이용하면 상당히 먼 거리까지 항해할 수 있게 된 것이다. 선박을 이용하는 교역은 말이나 낙타를 이용하는 육지보다 손쉽고 대량 수송이 가능하기 때문에, 악천후만 피하거나 극복하면 보다 효율적인 성과를 기대할 수 있는 수단이다.

아시아에서 유럽에 이르는 실크로드는 편의상 동서교역의 대명사로 사용하는 것이지만, 실제 교역은 육지 실크로드보다 내용과 종류가 더 다양하고 광범위하다. 교역의 주체도 광범위하고 변화무쌍하다. 고대로부터 중국 저장성 항저우(杭州) 근처의 닝보(寧波) 항은 한반도와 일본과의 왕래에 많이 이용된 곳으로 알려졌다. 푸젠성 취안저우(泉州—마르코 폴로가 베네치아보다 더 큰 항구라고 극찬한), 광저우(廣

〈 번영하는 섬 홍콩.

州)와 같은 곳은 일찍부터 교역활동이 활발했던 무역항으로서의 역사가 매우 깊다. 광저우는 이슬람 사원이 8세기경부터 들어설 정도로 아랍 상인과의 교역이 오래된 곳이다. 오늘날 중국의 고속 발전을 리드하는 지역은 화중(華中), 화남(華南) 지방 등 바다에 면한 해안지역이다.

서양의 항해자들이 쉽게 아시아를 정복할 수 있었던 이유는 몇 가지가 있다. 인도양 연안에 강력한 해양세력이 없었던 것과 동남아시아에 이렇다 할 규모의 왕조가 존재하지 않았기 때문이다. 그리고 중국 쪽을 보면, 명나라 때 정허(鄭和) 제독의 대함대를 여섯 차례나 인도양으로 파견하여 자국 세력 아래 두었으면서도 돌연 쇄국하고 명을 이은 청(淸)도 해상교역 금지정책을 풀지 않았다. 같은 시기의 일본 무력정권 도쿠가와 막부(德川幕府)도 쇄국정책을 취하고 있었다.

이 책의 이야기는 터키 민족의 침략과 정벌로 이슬람화가 촉발된 아나톨리아 반도와 발칸 지방 트란실바니아에서 시작한다.

트란실바니아 요새교회와 몰다비아 수도원

우리나라 하회와 양동 민속마을이 유네스코 세계문화유산 등재 신청을 한 지 여러 해 만에, 2010년 8월 세계유산위원회(UNESCO WHC, World Heritage Committee)의 심의와 승인을 받아 사람이 사는 정주지 세계문화유산으로 지정, 등재되었다. 인류가 남긴 뛰어난 유형의 문화재를 선별하고 보존하기 위해 세계 각국은 1972년 세계문화 및 자연유산 보존을 위한 국제조약을 체결하였다. 이 조약에 따라 지금까지 인류의 보편적이고 세계적인 문화유산 900여 개가 선정, 등재되었다.

'국제기념물유적협의'를 뜻하는 '이코모스(ICOMOS, International Council on Monuments and Sites)'는 유네스코의 하부자문기관으로, 등재하게 될 유산의 보편적 가치를 실사하고 자문하는 전문가 단체이다. 마침 '이코모스' 토착건축분과 학술회의가 루마니아 트란실바니아의 산속 마을 리메티아(Rimetea)에서 열려, 우리나라 두 마을의 세계유산으로서의 가치를 발표하기 위해 참석하게 되었다. 회의에 참가하는 문화유산 전문가는 일단 시비우에 집결하여 2일간 시비우의 남단 시스나데(Cisnade)와 라스나리(Rasnari)라는 요새교회가 있는 도시와 로마시대 유적이 남아 있는 알바이울리아(Albalulia)에서 1박한 다음 행선지인 리메티아에 도착하여, 산골 농촌에서 3박4일간의 회의를 진행하였다. 회의 후 6박7일의 트란실바니아 및 몰다비아의 세계문화유산을 돌아보는 여행 일정에 합류하는 행운을 얻었다.

라스나리 교회.

시스나디 교회.

이번 회의는 이코모스 토착건축 학술분과위와 루마니아 향토건축보존연구회(TUSNAD)가 공동으로 '토착건축과 다문화의 대화'로 정하고, 이 지방의 다양한 전통과 유산을 연구·보존하고자 개최된 유네스코 관련 연구모임이다. 트란실바니아 지방은 산악지방으로, 루마니아·몰다비아·헝가리 및 독일계 색슨족이 혼합 공존하던 지역이었다. 그래서 다양한 문화전통과 유적이 남아 있고 특히 오랫동안 오스트로-헝가리제국과 오스만 터키제국 사이의 회교권과 기독교권 사이의 경계를 이루었다. 당시에 지은 교회는 외적의 침입에 대비하여 주민의 항쟁과 피난처로 사용하기 위하여 모두 요새화하여 건축하였다. 트란실바니아와 몰다비아의 교회들은 색슨족의 개신교 요새교회와 이콘을 벽화로 그린 동방정교회(Orthodox Church) 및 목조건축 교회(벽과 지붕 모두) 등 독특한 교회 건축양식을 갖추고 있다.

트란실바니아 지방은 폴란드에서 시작한 카르파티아 산맥이 동남으로 길게 덮고 내려가다 서쪽으로 방향을 틀어 트란실바니아 산맥을 이루는 산간과 구릉지다. 동남부 유럽, 이른바 '발칸 반도'로 일컫는 지역은 알프스의 연장으로, 여러 산맥이 동서로 뻗어 산악지대를 형성하면서 이 산맥을 경계로 강수량이 급속히 떨어져서 스페인·이탈리아·그리스는 매우 건조하고 곳에 따라서는 사막에 가까운 풍토를 보이고 있다. 다뉴브 강은 알프스 산록에서 발원하여 오스트리아 빈을 통과할 무렵에는 강폭이 제법 넓어져 '아름답고 푸른 도나우 강'이 되고 이어 보헤미아의 숲과 헝가리 평야지대를 거쳐 베오그라드 근처를 지나면서 비로소 발칸 지방에 도달한다. 이 강은 유럽에서 두 번째로 큰 강이 되고 카르파티아 산맥과 발칸 산맥 사이의 평야지대를 통과하여 흑해에 다다른다.

　루마니아는 역사적인 맥락과 지형의 특성상 세 개의 지방으로 나뉜다. 다뉴브 강은 불가리아와 긴 국경을 이루고 하류에서는 삼각주를 형성한다. 루마니아의 심장부이자 곡창지대인 대평원 왈라키아 지방, 헝가리 동쪽과 우크라이나 남쪽의 트란실바니아, 그리고 트란실바니아 동쪽의 몰다비아로 크게 나누어 볼 수 있다.

　뮌헨에서 1박한 다음 시비우에 도착한 것은 여름의 문턱인 5월 하순의 오후. 시비우 공항은 제주공항보다 작고 한적한 시골 도시에 있었지만 헝가리에서 루마니아로 가는 중요한 교통요지로서 시비우의 인구는 45만 정도라고 했다. 공항에서 도심지까지는 약 10킬로미터. 2차선 국도에는 트럭의 왕래가 분주하다. 철도가 발달하지 않은 내륙 지방이어서 물자 운송은 거의 트럭이 담당하는 것 같은데 고속도로망도 없으니 일반 국도에 트럭이 많을 수밖에 없을 것이다.

　호텔에서 체크인한 다음 늘 하는 일이지만, 시내를 여기저기 거닐면서 둘러 보았

사치스 교회.

시스나디 시가지의 건물.

다. 새로운 곳에 와서 새로운 것을 보면서 놀라고 신기해 하며 골목에 들어서면 내가 겪어 보지 못하던 색다른 냄새가 나를 자극한다. 아직도 색슨족의 냄새가 배어 있는 것 같다. 트란실바니아의 역사적인 흐름과 민족종교 분포는 매우 복잡하다.

중세도시 시비우 풍경

시비우는 사실상 트란실바니아 지방의 문화수도라고 불린다. EU는 매년 두 곳씩 유럽의 문화수도(ECoC, European Capital of Culture)를 선정하여 해당 지방 특유의 문화전통을 발굴한다. 그리고 이를 그 지역뿐만 아니라 전 유럽에서 향유할 수 있는 축제로 개발하며 문화적 인프라를 구축하는 사업을 추진하는데, 시비우는 색슨계의 혼합된 문화전통 때문에 2007년에 유럽의 문화수도로 선정되었다. 시비우의 첫인상은 구도심지에 가 보기 전까지 2007년 EU의 문화수도라고는 도저히 상상할 수 없을 만큼 공산독재 시절의 컴컴하고 획일적인 경관 이외에 이렇다 하게 눈에 띄는 것이 없었다. 시비우는 세 가지 이름을 가지고 있다. 'Sibiu'는 루마니아어로서, 헝가리어로는 'Nagyszeben', 독일어로는 'Hermannstadt'라고 불린다. 루마니아가 공산당 독재에 대항해 봉기하여 1989년 크리스마스에 독재자 차우셰스쿠를 총살한 사실이 이곳에 와서야 실감하게 된다. 민중에 의하여 민주화되면서 숙원이던 유럽연합에 가입하게 된 것도 2007년이었다.

시비우 건물과 연인들.

〈 시바우 광장.

이번 루마니아 회의는 이코모스 독일위원회 크리스토프 마하트의 주선으로 열리게 되었다. 그는 이 지방에서 색슨계 주민으로 출생하여 서방으로 탈출하여 자수성가한 학자로, 고향에 대한 애정이 대단한 사람이다. 트란실바니아 지방의 교회와 마을 7개 소가 세계문화유산에 등재된 것은 그의 활동에 힘입은 바 크다. 독일이 통일되고 공산주의가 몰락한 후, 이 지방에서 영농을 하던 색슨계 민족은 통일 독일의 수용정책 덕으로 대부분 독일로 이주하여 거의 살고 있지 않지만, 이들이 살던 마을과 도시는 의연하게 독일식 이름과 건조물로 거의 그대로 남아 있다. 이 자리에는 현재 루마니아인과 헝가리인들이 들어와 살고 있다.

걸어서 약 20분 걸리는 구시가지로 산책하였다. 시비우의 구시가지 광장은 낮은 언덕 위에 있다. 중세시대부터 문화가 꽃피워지고 물산이 모이고 흩어지던 타운, 이곳에는 영주가 살던 저택, 고풍스러운 교회와 유럽 타운 어딜 가든지 볼 수 있는 도심 광장, 광장을 둘러싼 고건축들이 차례차례로 나타나곤 한다. 공산주의 시절 새로 지은 주택은 역사지구 도심에서는 볼 수 없었고, 백여 년 이상 오래된 단독주택들이 세월을 지내면서 많이 황폐하고 더러는 새롭게 단장되어 시비우의 역사성을 말해 준다. 번성하던 옛 타운이 20세기 소용돌이 속에서 살아 남아 묘한 감회를 불러일으킨다.

광장으로의 접근은 계단을 통해 올라가야 하나 자동차는 옛날 마찻길로 쓰던 길을 이용해 올라갈 수 있다. 그런데 자동차의 범람을 막기 위해 일정 시간 광장에 주차할 수 있는 자동차의 수를 정하여 놓고 입구에 주차장 입구처럼 입장료를 내고 들어가도록 되어 있다. 광장에 차가 지정 대수 이상이 되면 들어갈 수 없고 기다렸다가 들어가는 시스템이다. 이러한 관행은 드라큘라의 전설이 있는 시기쇼하라 구시가지 광장도 마찬가지였다.

어디에나 광장의 중심에는 교회가 한가운데를 차지하고 있으며, 주변의 건물은 고색이 창연한 그대로 상업 시설로 쓰이고 있다. 이러한 문화적 전통이 오랜 세월을 거치면서도 없어지지 않는 것은 참으로 놀라웠다. 항상 구공산세계를 갈 때마다 실감하는 것이지만 문화유산이 정치의 소용돌이 속에서도 소멸되지 않고 남아 있다. 구시대의 유물이 실패한 정치적 이념의 결과, 즉 경제적인 낙후 때문에 새로운 것을 짓거나 고치지 못하고 그냥 남아 있어 유산이 보존되는 아이러니이다.

시비우는 색슨족들이 가장 많이 살던 곳이며 루마니아인, 헝가리인과 색슨족들의 교류거점이 된다. 12세기에 독일계 색슨족들이 오스트리아-헝가리제국의 장려정책으로 트란실바니아로 대거 이주해 왔다. 헝가리의 왕은 색슨족의 이 지역을 지켜 주는 대신, 땅을 개간하고 마을을 일구며 일정 정도의 자치를 부여하고 종교의 자유도 허용하였다. 그 결과로 트란실바니아에 독일 문화가 전해졌으며, 이 지방의 교회는 그들이 지은 것이다. 그러나 15세기 오스만 터키제국의 침략과 정벌로 트란실바니

〉 시비우 구시가지의 교회와 건축물.

아 지방은 한때 오스만제국에 종속되었다가 오스만 터키 왕조가 쇠퇴하자 18세기 말 오스트리아 합스부르크(Hapsburg) 왕조의 영토가 된다.

트란실바니아의 색슨족

지형적 특성으로 인하여 역사적으로 발칸 지방은 아시아로부터 또는 흑해 지방 북쪽에서 무수한 침략을 받아 왔다. 그만큼 동서 접촉의 통로 역할을 해 왔던 것이다. 오늘날 우리가 보는 지도는 예로부터 이루어진 무수한 민족이동과 침략과 정복의 결과로 이루어진 인위적인 선이다. 국경이란 고정된 선이 아니고 역사적으로 무수하게 들락날락하고, 언제라도 바뀔 수 있는 경계가 아닌가.

시비우 구시가지의 아름다운 건축물들.

고대에 페르시아와 바빌로니아 및 희랍 알렉산드로스 원정군이 교차 점령·지배했던 발칸 남부 지방은 서력 2세기경부터 로마의 지배가 시작되면서 라틴화가 추진되어 로마의 변경이 되었다. 4세기부터는 비잔틴제국의 지배가 시작되었으나 비교적 안정된 분위기가 지속되었는데, 4-7세기 사이 비잔틴제국이 느슨하게 지배하는 사이 원주민족(그리스족·세르브족·불가르족·알바니아족)에 추가하여 슬라브족의 진출·점령이 계속되어 흑해 북방에 자리 잡았다. 마자르족(Magjars, 헝가리인)은 9세기경 우크라이나 지방에서 서쪽으로 이동하여 헝가리에 정착하고, 일부는 여기에 정착하였다. 그리하여 11세기부터는 헝가리 왕국의 영토로서 헝가리의 사교구(司敎區)도 설치되었다. 12세기경 오스트리아-헝가리 왕은 여기를 지키기 위하여 독일계 색슨 상공인을 트란실바니아에 이주하도록 초빙하여 색슨 커뮤니티가 형성되었고 독일 문화를 꽃피웠다.

'요새교회'란 외침에 대비하여 교회 예배 건물 둘레를 하나의 요새처럼 건축한 것이다. 관할 주민이 유사시에 교회 안으로 피신하여 방어와 생활이 가능하도록 지은 교회인데 보통 마을의 산 위에 지어 놓는다. 주로 남동부 지방에 13세기에서 16세기에 걸쳐 세운 색슨 요새교회(Fortress Church)가 한때 수백 개를 헤아렸다고 한다. 지금도 약 150개 이상의 요새교회가 남아 있는데, 이 중에 7개의 요새교회가 유네스코 세계유산으로 지정되어 있다.

1356년에 오스만 터키의 침공이 시작되었다. 헝가리는 이후 오스만 터키의 침략을 받아 합스부르크 왕조가 지배하는 헝가리와 터키에 조공을 바치는 트란실바니아 공국으로 나뉜다. 루마니아 민족은 주로 왈라키아 지방 평원에서 오스만제국에게 굴복하고 복속하는 속국으로 있다가 19세기 중반 독립하였다. 루마니아는 발칸 반도에서 가장 인구가 많은 나라이면서 유일하게 슬라브 계통 언어를 사용하지 않는 나라이다.

루마니아의 지도를 보면 마치 배가 뚱뚱한 물고기가 가로로 서 있는 모습이다. 트란실바니아는 1920년까지 헝가리의 영토였지만, 프랑스 트리아농에서 체결한 제1차 세계대전 종결에 관한 조약으로 인해 루마니아에 넘겨졌다. 헝가리는 뼈아프지만 차지하고 있던 영토를 내놓아야만 했다. 이유는 오스트리아-헝가리제국이 패전국인 독일 편에 가담하여 연합국과의 전쟁에서 패배하였기 때문이다. 오스트리아-헝가리제국은 해체되었고, 헝가리는 전쟁 전에 가지고 있던 영토 중 72퍼센트를 상실하여 국토 면적이 32만 5111제곱킬로미터에서 9만 3천 73제곱킬로미터로 줄어들었다. 인구도 64퍼센트를 상실하여 2090만 명에서 760만 명이 되었다. 반면 이로 인해 영토를 얻은 나라는 루마니아 왕국, 체코슬로바키아 공화국, 유고슬라비아 왕국이었다. 루마니아가 이 지역을 지배하게 되자 헝가리인들은 정부로부터 갖은 박해를 받아 1920년 이래 20만 명의 헝가리인들이 트란실바니아를 떠났다. 지금도 이 지방 주민의 20퍼센트 정도는 헝가리인이다. 이 지방의 19세기 인구 구성을 보면, 루마니아인 50퍼센트, 헝가리인 25퍼센트, 색슨족 12퍼센트로 구성되어 있었으나, 색슨족은 공산주의가 무너진 후, 통일독일의 정책적 배려로 독일로 이주

서기 702년에 지어진 발레아빌로르 요새교회.

다양한 인종이 혼합된 루마니아인들.

해 나가고, 그 자리는 루마니아인들이 차지했다.

19세기부터 일기 시작한 민족국가운동이 뒤늦게 발칸 반도에 들이닥치고, 러시아 세력이 팽창·남하하는 한편, 오스트리아-헝가리제국이 몰락하면서 발칸 반도는 국경이 자주 바뀌었다. 발칸 반도 나라들의 지도와 역사부도를 보고 직접 답사하면서, 민족이나 어떤 집단의 정주지는 역사적 산물이며, 국력의 성쇠에 따라 국경은 고무줄처럼 늘었다 줄었다 한다는 것을 확인할 수 있었다.

종교도 역사의 변천과 지역에 따라 다르다. 내가 다닌 지역에서 신봉하는 종교는, 루마니아인들은 그리스정교, 헝가리인들은 가톨릭과 개신교(칼빈 교회와 유니타리언Unitarianism 교회), 독일계 색슨족은 가톨릭과 루터란 교회로, 민족별로 각각 다른 종교를 신봉하며, 교회 건축양식이나 내부장식도 눈에 띄게 다름을 보게 된다.

우리 일행은 전용버스로 트란실바니아의 색슨 유적을 돌아보며 알바이울리아(Alba Iulia)에서 1박하고 회의가 열리는 리메티아(Rimetea)로 향했다. 리메티아는 오래된 헝가리인 마을로, 마을 뒷산에는 중세시대 영주의 폐성만이 잡초만 무성한 채 남아 지난날의 역사를 말해 주고 있다. 이 마을의 전통 민가와 마을을 정비하여 세계유산으로 지정하려 하고 있다. 어디를 가나 전통 건축양식과 생활은 현대에 와서 많은 문제점을 내포하고 있으며, 형상과 내용을 변경하여 생활에 맞게 개조하려는 노력이 필요하게 되었다. 전문가들은 전통적 구조를 어떻게 유지하느냐에 대한 해

위, 리메티아 마을과 전통 마차.
아래, 리메티아 마을의 밭.

〈 리메티아의 전통 농가 주택과 자연.

법을 찾고 있지만 쉽지 않은 문제다. 그래서 지방 유산에 대한 조직적인 조사와 기록을 계속하고, 형태를 변경함에 있어, 건조물은 가급적 원래의 위치에 보존하되, 공동체의 필요성을 충분히 감안한 불가피한 변경은 인정하고 있다. 그러나 전통 농가의 보존에 별다른 보존 방법이 없을 때에는 야외박물관으로 전환해 해법을 찾도록 권고하고 있다.

트란실바니아 지방은 루마니아에서 가장 로맨틱하고 아름다운 지역이다. 계곡과 산들은 오염되지 않았고, 그 로맨틱함과 아름다움에서 영감을 얻게 된다. 숲이 우거지고 하늘을 찌르듯이 솟아 있는 산봉우리들, 그 사이로 펼쳐진 목가적인 농촌 풍경, 전설의 옛 성들과 이웃하는 수많은 교회의 높은 지붕 등 전통과 자연이 어우러져 있는 지방이다. 어디를 가도 전통적 농촌의 모습을 발견하게 된다.

이 지역의 주요 도시는 알바이울리아, 고원도시 클루즈나포카(Cluj-Napoca), 카르파티아 산맥 끝의 브라쇼브(Brasov)와 시비우(Sibiu)를 들 수 있다. 중세도시 브라쇼브는 숲이 가득한 언덕 맞은편에 우뚝 위치해 있어 14세기의 검은 교회와 오래된 시청 건물들 주위에 건축물이 즐비하다. 알바이울리아는 2세기에 로마가 지배하면서 건설한 도시로, 우리가 방문했을 때는 로마 유적 발굴이 한창 진행되고 있었다.

알바이울리아 관광국은 로마시대의 성채 유적을 발굴하여 호텔과 리조트를 짓고 있는데, 우리 일행은 이곳 만찬에 초대되어 로마 유적 안내를 받으며 저녁 시간을 보냈다. 유럽을 돌면서 고대 유적 구조물 일부를 노출시켜 현대 시설을 들여놓는 사례를 가끔 보았는데, 여기서도 벽이나 지하 굴을 그대로 살려 두고 호텔 시설을 짓고 있었다.

색슨족 마을들은 나지막한 구릉에 펼쳐져 있다. 마을은 주변의 지형과 조화를 이루면서 특이한 선형 구조를 이룬다. 색슨 요새교회가 들어선 시기는 오스만 터키제국이 비잔틴제국을 멸망시키고 발칸 반도를 향해 파죽지세로 북상하던 때다. 오스만 터키제국이 지금의 오스트리아 빈까지 침공하면서 그리스·불가리아와 구유고슬라비아, 루마니아의 대부분을 점령하고 난 다음, 빈을 포위 공격하던 때를 전후해 생겨났다.

브라쇼브 시 전경.

마을의 요충지에 세워 요새화한 교회는 유사시 마을 사람들의 피난처가 되고, 교회와 주민이 혼연일체가 되어 자신들의 생명과 재산을 지킨다. 이를 위해 교회 주위에 성을 쌓고 맨 위층에는 파수대와 방어용 총구를 만들어 놓았다. 어떤 교회는 다층 구조를 이루고 있는데, 저층에는 주민 한 세대씩 수십 수백 세대가 생활할 수 있는 호텔 객실과 같은 구조를 만들어 놓았다. 참으로 교회와 마을이 자신들의 삶터요, 물러날 수 없는 최후의 보루임을 느끼게 한다.

마을의 주택들은 넓은 주통로를 사이에 두고 방형(方形, 길과 직각을 이룸)을 이

〉 사치스 요새교회의 성곽.

루면서 기다란 일자 형식으로 배열되어 있다. 더러는 농기구와 가축은 뒤뜰에 격리되어 있다. 도로와 직각을 이루면서 지은 추녀마루 벽에 집을 지은 연도와 가문의 장식, 일부는 창을 내어 놓았다. 집안으로 들어가면 넓적한 돌을 깔아 놓은 사이사이에서 풀이 자라 흙바닥을 볼 수 없다. 이러한 모양의 집은 필자가 수년 전 답사한 동유럽의 세계유산마을인 흘로쾨(Holloko, 헝가리), 부데쇼비체(Budeshovice, 체코), 브콜리넷(Vlcolinic, 슬로바키아)에서 이미 체험한 것으로, 마을의 배열이 중유럽과 너무 비슷하여 같은 주택문화권이로구나 하는 것을 실감했다(『세계의 역사마을·1』, pp. 20-36).

구시가지의 시계탑과 드라큘라 백작이 탄생한 건물.

요새 마을을 돌아보고 첫날 숙소를 정한 시기쇼하라에 일찍 도착했다. 시기쇼하라의 독일명은 'Schatsburg'이다. 시기쇼하라는 색슨 타운 중에 가장 잘 보존되고 특색이 있는 도시이다. 헝가리 왕의 요청으로 일단의 색슨 상인과 장인들이 트란실바니아로 이주해 왔다. 시기쇼하라는 길드(Guild)에 의하여 발전된 도시이다. 길드는 일반적으로 중세도시가 성립·발전되는 과정에서 중요한 역할을 한 상공업자들의 동업자 조직인데, 여기서는 수공업자 길드(Craft Guild)가 도시를 일구고 번영하는 데 큰 역할을 하였다고 한다. 그들은 산 위에 교회를 짓고 그 밑에 시가지를 건설하여 시대를 거치면서 확장해 왔다.

구시가지는 교회 밑 넓지 않은 산등성이에 시청과 4-5층짜리 건물이 에워싸고 있다. 시기쇼하라의 상징적인 건물인 중세에 지은 성채의 정문 시계탑이 고색창연한 모습을 자랑하며 우리 일행을 맞는다. 시계탑은 높이가 64미터, 지붕의 높이만 34미터, 시계바늘이 2미터가 넘는다. 우리는 구시가지 시계탑에서 아주 가까운 중세 건물인 'Casa ce Cerb'라는 호텔에서 묵었다. 바로 옆 건물이 루마니아를 소개할 때 빼놓을 수 없는 소설 『드라큘라』(브람 스토커)의 주인공인 왈라키아 공국의 블라드 백작이 탄생한 건물로, 지금은 식당으로 개조되어 영업하고 있다. 구시가지에 진입하는 자동차 도로도 하나밖에 없고 자동차도 일시에 십여 대 정도밖에 수용할 수 없을 정도의 공간으로, 19세기 이전의 도시적 특성이 잘 보존되어 있어 1998년 세계유산으로 등재되었다.

우리는 2일 동안 모두 세계유산으로 보존되는 7개의 요새교회 마을을 돌아보았다. 중세시대 주변의 유목민족의 침공이 많았기 때문에 이에 대비하여 교회가 요새화되었다. 특히 14세기 말부터 오스만 터키군이 여러 차례 침공해 오자 자위책으로 방어하면서 생활할 수 있도록 성벽을 견고하게 축조하고 물과 식량도 비축하였다. 1600년경에는 트란실바니아 지방에 6백 개가 넘는 요새교회가 있었다고 옛 문헌은 전하고 있다.

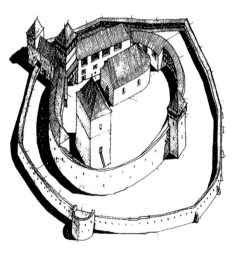

칼닉 요새교회 조감도.

비에르탄 교회.

〈 시기쇼하라 건축물.

비에르탄 교회(Biertan Church)는 메디아슈(Medias) 시내에서 약 15킬로미터 떨어진 곳에 위치한 마을 안 구릉 위에 세워져 있는데, 주변 마을과 잘 어울린다. 이 교회는 트란실바니아의 대표적인 중세 교회로, 색슨족의 보루이기도 하다. 언덕 위 요충지에 자리 잡은 교회는 삼중의 성벽을 갖췄으며 워치 타워도 여섯 개나 있다. 이 요새교회는 1490년부터 1524년 사이에 건립되어, 세계유산으로 등재된 교회들을 대표한다. 동방정교가 강세를 쥐고 있던 지역의 가톨릭 성당인데, 색슨족들은 대거 독일로 이주해 가고 현재는 소수만이 남아 있다. 교회에는 독일에서 선교를 나온 신부가 와서 사역을 하고 있는데, 우리는 이곳 교회에 헌금을 하고 점심을 얻어먹었다.

이 교회의 높은 성벽에서 바라본 아래 마을은 너무나도 목가적이고 평화로웠다. 입구는 언덕 밑에서 아치를 지나 있었는데, 1412년에 지어진 고딕식 교회라고 성벽에 새겨져 있었다. 교회 안의 가구나 장식도 잘 보존되어 있었다. 공산주의 시절 이후 독일로 이주해 간 독일인들 대신 루마니아인들이 들어와 살지만, 교회가 세계유산으로 지정된 이후 관리를 위하여, 그리고 일부 잔류 색슨족을 위해 독일에서 신부가 파견되고 있는 것이다.

비스크리 요새교회(Viscri Fortress)는 색슨 식민지에서 가장 흥미로운 요새교회로, 1494년 건립되었다. 시기쇼하라와 브라쇼브 시 사이에 있는 시골길로 들어서서 비포장도로를 7킬로미터나 달려야 나온다. 성벽이 이중으로 되어 있는데다, 네 개의

방어감시탑이 있다. 색슨족들이 독일로 이주하여 나간 이후 25가구가 외롭게 마을을 지키고 있다. 최근에는 영국의 찰스 황태자가 관심을 보여 영국으로부터의 원조로 마을이 다시 활기를 띠고 있다. 현지인들은 주로 농촌체험 관광사업을 전개하고 있는데, 이곳에서 숙박하는 체험관광객은 버터와 치즈, 정육과 빵은 물론 포도주에 이르기까지 100퍼센트 마을에서 만든 먹거리로 대접받는다.

트란실바니아의 요새교회와 마을은 일정한 방향으로 자리 잡고 가운데 통로를 중심으로 발전하였으며, 부차적으로 평탄한 곳에서는 방사선 모양으로 전개되어 나갔다. 그러나 전통적으로 색슨족의 마을은 대개 밀집된 구조가 특징이며, 촌락의 주요 장소는 교회다. 교회는 항상 마을의 한가운데 자리 잡거나 요새교회의 경우는 방어가 용이한 언덕 위에 지어져 있다. 요새의 모양은 지형을 이용하여 여러 가지 형태를 취하고 있다. 건물은 대개의 경우 로마네스크 양식의 건물이나 고딕 양식의 단일 회랑을 가지는 교회가 많다. 건축은 대개 석재나 붉은 벽돌을 사용하고 지붕도 붉은 계통의 기와를 많이 썼다.

교회가 촌락과 거리가 있는 곳이면 마을 광장이 들어서 마을의 축제나 사교장으로 쓰였다. 교회 안 벽면에는 마을 사람

비스크리 요새교회.

중 전쟁이나 사변 중에 전사한 사람의 명패를 새겨놓아 마을 전체가 그들을 추념하고 있는 것도 볼 수 있다.

몰다비아 산악의 수도원

남 트란실바니아를 3일에 걸쳐 돌고, 우리는 몰다비아 지방으로 들어섰다. 카르파티아 산맥을 넘어 험준한 협곡을 지나자 몰다비아 평원이 전개된다. 이 지방은 우크라이나와 이웃하고 있는 지역으로, 방문 목적은 세계유산으로 등재된 다섯 개의 수도원을 답사하기 위해서다. 몰다비아의 수체아바(Suceava)에서 하룻밤을 지내고 이튿날 바로 수도원을 찾아 나섰다. 이곳의 수도원이 유명한 이유는 수도원 성당 건물 외벽에 선명한 종교화가 남아 있기 때문이다. 원래 이 그림은 중세 시기에 문자를 읽지 못하는 주민을 가르치기 위하여 그렸다고 한다. 내용은 수도원마다 약간씩 차이는 있었지만 선행자는 천당에 가고 악행자는 지옥으로 떨어진다는 도식이며, 잘 살펴보면 이런 악행을 행하는 자는 대부분 터키인임이 흥미롭다. 이는 터키 지배를 받은 역사 문제가 종교에서도 나타나는 것이다.

대부분의 트란실바니아 지방이 터키군에게 점령당했지만 몰다비아에서는 스테판 태공의 지휘 하에 터키군과 맞서 전투에서 승리하였다. 수도원은 나라의 안녕을 빌고 전승을 축하하기 위해 지었다고 하는데 외벽이 상당히 견고하게 건설되어 요새

마을의 농촌체험 관광객에게 제공하는 전통 음식.

〉몰다비아 고원 마을.

교회를 방불케 하였다.

수도원 중앙에는 교회당이 들어서 있는데 건물은 그리 큰 편이 아니다. 교회당 내부에는 지배자와 귀족만 출입을 허용하고 일반 농민은 외부에 서서 미사를 드리게 하였기 때문에 문자를 모르는 이들에 대한 계몽용으로 성경 이야기를 그림으로 그려 놓았다. 그림은 세월이 지남에 따라 열화하여 흐려진 상태라 앞으로 보존대책이 강구되지 않으면 머지않아 지워질 것 같다.

보로네츠 교회의 예배.

몰다비아의 수도원은 대부분 평지에 있었고, 5월에서 6월로 접어드는 이 계절이 제일 좋은 계절이라고 한다. 주민들이 순례자들처럼 여기저기서 찾아와 기도하고 쉬곤 하는 것이 눈에 띄었다.

한 곳에서는 정교 미사 행렬을 목격하였는데, 사교를 앞세워 신에게 바치는 예물을 들고 교회당 밖으로 행진하는 장면을 신기하게 구경하였다.

마라무레슈, 북 트란실바니아의 목조 교회

며칠에 걸쳐 트란실바니아를 한 바퀴 돌아 마라무레슈에 도달했다. 2일간 마라무레슈 지방을 돌아보는 동안 일기가 좋지 못해 제대로 사진촬영을 못했지만 귀한 기회였다.

트란실바니아 북서쪽에 위치한 마라무레슈 지방 분지에는 루마니아 선주민족으

〉 네암트 수도원 전경.

죽은 이들의 사연이 그려진
사판타 공동묘지의 목비.

〈 데세슈티 목조 교회.

로 알려진 다키아족의 후손들이 살고 있다. 같은 시기에 불가리아에 거주한 트라키아 민족과는 다른 민족이다. 서기 1세기에 로마제국의 정복이 있기 전까지 독자적인 왕조를 일구어 독립국가로 살았던 민족이지만 지금은 루마니아화되었다.

몰다비아 지방에서 마라무레슈로 들어오는 산악 고개를 넘자 구릉과 계곡에 양을 치는 목장과 사이사이 들어선 농가가 아름답게 펼쳐진다. 마라무레슈 지방은 수공예품이 유명하고 목공예술이 뛰어나다.

어디를 가나 교회는 거의 목조 교회다. 외장은 높고 뾰족한 첨탑이 두드러지고 지붕을 덮은 재료는 목판을 비늘처럼 밑부분부터 깔았으며, 외벽은 10센티미터 정도 두께의 목재로 둘러져 있다. 이러한 목조 교회는 러시아로부터 슬라브족이 사는 흑해까지 분포되어 있는데, 매우 섬세하면서도 호쾌한 느낌을 주기에 충분한 기념비적인 건축이다. 이러한 교회 건물은 오래된 것이 3~4백 년 되었다고 하는데, 그 이전에 지어진 것들은 타타르인들이 침략했을 당시 거의 소실되었기 때문이라 한다.

목조 교회의 내부는 매우 소박하다. 벽면에는 성경의 내용이나 마을 사람들의 일상이 그려진 그림들을 붙여 놓았는데 모두가 무명 화가의 작품이다.

이 지방의 또 하나 특색 있는 문화경관은 우크라이나 국경에서 멀지 않은 사판타(Sapanta)라는 마을 공동묘지의 목비(木碑)이다. 이 묘지의 무덤 앞에는 죽은 이를 기억하기 위한 재미있는 그림과 문구가 새겨진 각양각색의 목비가 세워져 있다. 죽음을 코믹하게 전달하여 죽음과 현실의 격차를 좁히고, 죽은 이가 훌륭한 생애를 살았다는, 그래서 죽음을 순순히 받아들이는 자세를 여기서 발견할 수 있다.

　며칠 동안 날씨가 매우 좋아 다니기에 무척 편했다. 그러다가 마라무레슈 지방에 들어서면서 비가 오기 시작했다. 마라무레슈 지방에서 찍은 사진은 그래서 대부분 빗속에서 찍은 것이다. 그러나 나는 다시 올 수 없는 곳이기에 이것저것 마구 찍어보았다. 특히 국경 마라기네아 마을에서는 점심을 먹고 자유시간이 주어질 때마다 이리저리 돌아다니면서 마을 풍경을 촬영했다. 다양한 문의 모양과 그곳에 새겨 넣은 문양이 대단히 아름다웠다.

루마니아에서 불가리아로, 국제열차를 타고

트란실바니아 지방에서 12일간의 여행을 마치고 루마니아의 수도 부쿠레슈티 (Bucharest)를 거쳐 불가리아에서 이틀 동안 체류하다가 터키의 이스탄불에서 귀국 하기로 여정을 짜고 루마니아를 떠났다. 트란실바니아에서는 세계문화유산으로 등 재된 교회건축과 주변 전통마을을 돌아봤는데, 교회건축은 공동체가 처한 지리적 여건에 따라 갖가지 모양의 건축물을 남겨 놓았다. 민족에 따라 종교도 판이하게 달 랐는데, 루마니아인들은 대부분 그리스정교를 믿고, 헝가리인들은 가톨릭과 칼뱅 교, 유니테리언교를 믿으며, 독일계 색슨족은 가톨릭과 루터란교, 칼뱅교를 믿어 매 우 다양한 양상을 띠고 있었다. 또 교회건축에 있어서도 지방에 따라 고유한 특성을 띤다. 남부는 색슨족의 요새건축이, 북부는 첨탑을 가진 목재로 지은 교회건축을, 동북부 몰다비아 지방은 교회 벽면을 프레스코 그림으로 장식한 교회건축을 선보여 심한 대조를 보였다.

홀로 여행하는 첫 날, 나는 시비우에서 새벽 5시에 떠나는 버스로 4시간 걸려 수도 부쿠레슈티에 도착하였다. 루마니아는 유럽에서 가장 큰 산유국 중의 하나이지만 도로는 잘 정비되어 있지 않았고 자동차 보급도 별로 되어 있지 않았다. 루마니아의 철도는 느린 걸음을 하고 운행 횟수도 몇 차례 안 되어 장거리 이동이 불편하다. 철 도도 현대화가 시급하다. 트란실바니아 전역에서 말이 끄는 마차를 목격하는 것은

〉 리틀 파리라는 별명을 가진
루마니아의 수도 부쿠레슈티 시가.

별로 드문 일이 아니다. 그래서 시비우에서 부쿠레슈티까지 버스를 이용했다.

부쿠레슈티에 도착해 야간 열차로 불가리아의 소피아로 떠날 예정이어서 부쿠레슈티 역을 찾아 차표를 산 다음 짐은 수하물보관소에 맡기고 시내 구경에 나섰다. 걸어서 하루를 보내기로 마음먹고 시내 중심지로 향했다. 일요일이어서 거리는 한산하고 인적도 드물어 어디가 번화가인지 찾을 수가 없었다. 한참을 걷다가 혁명광장에 도달하였다. 1989년 베를린 장벽이 무너지고 미국과 소련이 말타 회담에서 냉전종료 선언을 한 후, 그해 겨울 12월 루마니아의 독재자 차우셰스쿠 정권은 민중의 봉기로 무너지고 며칠 후 인민에 의하여 처형되었다.

차우셰스쿠 재임 당시의 통치 흔적은 여기저기 남아 있다. 문화유산을 보존하지 않고 획일적인 공산주의식 건물을 여기저기 흉측하게 세워 놓았는데 그 대표적인 독재자의 유물이 인민의 궁전이다. 인민을 아끼지 않던 독재자로 말미암아 루마니아 경제는 여전히 동유럽에서 가장 낮은 수준에 머물러 있다.

루마니아는 지형상 3개의 지방으로 나뉜다. 다뉴브 강은 불가리아와 긴 국경을 이루고 하류에서는 삼각주를 형성하는데, 첫 번째 지역은 다뉴브 강 이북과 트란실바니아 산맥의 남쪽 루마니아의 심장이자 곡창지대인 대평원 왈라키아 지방, 두 번째는 헝가리 동쪽과 우크라이나 남쪽의 트란실바니아, 그리고 마지막으로 트란실바니아 동쪽의 몰다비아로 크게 나누어 볼 수 있다. 지도를 보면 루마니아는 어항 속의

위, 부쿠레슈티 역.
아래, 혁명기념탑.

물고기를 연상시키는 모양을 하고 있다. 북쪽으로 우크라이나, 서북으로 헝가리, 서쪽에 구유고연방 그리고 남쪽에 불가리아와 접하고 있으며, 흑해가 이 나라의 동해가 된다. 루마니아의 선주민은 다키아인으로 기원전 5세기경에 다뉴브 강 유역에 퍼져 살았던 것으로 알려졌다. 기원 2세기 초 발칸 반도가 로마의 영토가 되면서, 로마인들과 선주인들의 혼혈로 지금의 루마니아인의 원형이 생겨났다고 한다. 그래서 루미나아는 슬라브족이 둘러싸고 있지만 유일하게 라틴계 언어를 사용하는 독특한 나라가 되었다. 우크라이나에서 루마니아를 거쳐 불가리아로 여행하는 사람은 광고나 도로표지 상점 간판들이 크릴 문자(러시아 문자)에서 갑자기 로마자로 바뀌다가 불가리아에 들어서면 다시 크릴 문자로 바뀌는 것을 볼 수 있다.

발칸 반도를 여행하면서 이 지역의 역사를 좀 공부하였는데, 간단히 훑어보자. "발칸 지역은 최초이면서 최후의 유럽이다." 발칸 출신 역사학자 스토야노비치의 말이다. 최초의 유럽이란 서양문명이 태동하고 발전한 지역이라는 뜻이다. 서양문명이 개화하는 동안 서유럽은 미개의 땅으로 남아 있었다. 고대의 그리스−로마 시대에 이 지역에서 도시국가가 탄생되고 헬레니즘 문화를 꽃피웠다. 4세기 말 로마가 동서로 분리되면서, 기독교는 각각 다른 형태로 변천한다. 서로마 지역에는 가톨릭이 국교가 되고, 동로마는 정교회가 국교가 된다. 서로마는 476년 멸망하는데, 동로마는 비잔틴제국으로 남아 1543년까지 명맥을 유지하다가 오스만 터키에 의하여 멸망한다. 그러면서 서유럽이 국민국가로 발전하는 동안 동유럽 국가는 낙후되어 지금에 이른다.

루마니아의 선주민은 그리스계로 간주되는 다키아인으로 기원전 5세기경에 다뉴브 강 유역에 퍼져 살았다. 기원전 2세기 초 로마의 영토가 되면서 이주해 온 로마인들과 선주인들의 혼혈로 지금의 루마니아인의 원형이 생겨났다. 다키아인은 라틴계 언어를 받아들였다 하는데 실제로는 슬라브어의 영향이 매우 크다. 한 루마니아 학자의 연구에 의하면 루마니아어의 어원은 슬라브어가 45퍼센트, 라틴어 35퍼센트, 터키어 8.4퍼센트, 그리스어 6퍼센트로 되어 있다고 한다.

왈라키아 평원에 다키아인 후손이 14세기에 헝가리에 반항해서 왈라키아공국과 몰다비아공국을 건설하였다. 14세기 터키제국의 침공을 받은 몰다비아·왈라키아공국은 패배한 후에도 오스만제국 종주권 밑에서 공국(公國)의 지위를 유지하였다.

불가리아에는 기원전 5세기경부터 그리스 계통 트라키아족이 살았는데, 슬라브족이 발트 해 연안에서 2–6세기에 걸쳐 이동하기 시작하여 러시아, 폴란드, 유고, 그리고 불가리아로 들어왔다. 여기에 중앙아시아 방면에서 남하한 터키계 유목민족 불가르족이 들어와 정착과정에서 슬라브계 민족과 혼혈이 되면서 언어와 문화에 동화되어 갔다. 발칸에서 이들 혼합민족은 9세기에 제1차 불가리아제국을 건설하는데, 당시 비잔틴에 버금가는 대국이 된다. 12세기 말 제2차 불가리아제국이 재건되

크레츠레스크 교회.

었으나 13세기 중엽 몽골인이 동유럽을 침략하여 지배를 받았다가 14세기부터는 오스만 터키제국의 지배를 받게 된다.

유럽의 역사는 어쩌면 동방에서 흘러 들어오는 민족의 이동으로, 이에 수반되는 무력침공과 교역에 의한 문화교류에 크게 영향을 받았다. 흉노제국이 서기 155년 멸망된 후, 남은 세력들은 톈산 산맥과 알타이 산맥을 넘어 서진하였다. 이후에 흉노족은 서진을 계속하여 우랄 산맥에 도달하게 되고, 이곳에서 게르만계 고트족과 만나게 된다. 이들과의 접촉은 흉노족의 우랄화를 촉진하게 된다. 훈족은 4세기 볼가 지역에 등장한다. 훈제국은 기마를 이용한 기동력과 전술로 동고트를 공격 374년에 붕괴시켰고, 375년 서고트의 왕을 불가리아 지역으로 몰아내었다. 이로 인해 게르만족의 대이동이 시작된다. 훈족에 밀린 서고트는 395년 로마에 유입, 로마제국은 동서 로마로 급격히 분리되었다. 이후 훈족은 4백 년경 다시 공격함으로써 이탈리아 변경으로 쫓겨났다. 바로 이때 훈족의 명성이 절정에 달하게 되었다.

훈족의 지도자 아틸라는 5세기 전반의 민족대이동기에 트란실바니아를 본거로 하여 주변의 게르만 부족과 동고트족을 굴복시켜 동쪽은 카스피 해에서 서쪽은 라인

강에 이르는 지역을 지배하는 대제국을 건설하였다. 그 후에
도 아틸라가 이탈리아 침입을 꾀하는 등 훈족의 위협이 계속
되었으나 453년 갑작스런 죽음으로 급격히 분열·쇠퇴하고 타
민족과 혼혈·동화되어 소멸되었다.

일요일 오후, 부쿠레슈티국립극장 앞에서.

　그 후 동유럽은 신성로마제국 즉 비잔틴제국이 콘스탄티노
플을 수도로 하여 1천 년 이상 동부 지중해 세력으로 건재하
였는데 기본적으로 그리스 민족의 나라이다. 비잔틴제국 주
변에는 슬라브족, 마자르족의 왕조가 흥망성쇠를 거듭하다가
1453년 아시아에서 서진해 온 오스만 터키에 멸망하면서, 오
스만 터키제국의 이슬람 문화권에서 5백 년 동안 지배를 받
게 된다. 한편 역사적 발전이 뒤쳐졌던 서유럽은 16세기 대항해 시대에 해양으로 진
출하여 신대륙을 발견하여 식민지화하는 한편, 아시아로 진출하여 막대한 부를 축
적하고 18세기 산업혁명으로 근대 제국주의와 국민국가 건설에 매진하였다. 18세기
이후 서유럽이 눈부시게 현대화를 겪는데 반하여 발칸 지방의 나라는 대부분이 터
키제국의 일부로 남아 있으면서, 발칸에서도 18세기 이래 민족적 자각이 싹텄다.

　먼저 오스트리아가 1699년 오스만제국에 승리하여 헝가리의 영토와 트란실바니
아를 오스트리아 영토로 편입시켰다. 러시아는 오스만제국과 싸워 1774년 루마니아

위·아래, 부쿠레슈티 사람들.

의 2공국을 간섭할 권리를 장악하였다. 제1차 세계대전을 전후해서 러시아, 프로이센, 오스트리아-헝가리, 오스만제국의 4제국이 붕괴되고 동유럽에 많은 신흥국가가 탄생했다. 이 과정에서 발칸에는 전쟁이 자주 일어나 유럽의 화약고라고 일컬어 왔고, 이러한 상태는 제2차 세계대전까지 지속되었다. 세계대전 후에는 소련의 위성국가군이 되어 공산사회주의 아래 나라와 민족의 발전 기회를 놓쳤다. 냉전 후 유고에서는 종교가 다른 민족 그룹이 분쟁을 일으켜 유고연방은 1990년대 해체되는 운명을 맞이하고도 최근까지 전쟁은 계속되었다.

오늘의 국경선은 1945년 제2차 세계대전이 끝나고 확정된 것이다. 구유고연방은 1990년대 내전을 치러 깊은 상처를 서로 안은 채 현재 일곱 개의 국가로 쪼개졌다. 국경이란 영토를 지배하는 권력이 국가라는 이름으로 그은 선에 불과하다. 그래서 정치권력에 따라 국경은 수없이 변하게 마련이다. 힘센 지배자가 자의적 독단으로 그은 자기 영향력이 미치는 한계에 불과하다. 이렇게 고무줄처럼 늘었다 줄었다 하는 사실을 역사지도를 보면 알 수 있고, 발칸 지방에 가면 현장에서 이를 발견할 수 있다. 현재 우리가 보는 유럽 대부분의 국경은 60년 내지 1백 년 사이에 그어진 인공의 선이다.

홀로 여행 이틀째, 아침 일찍 소피아에 내린 나는 소피아역의 어둠침침하고 어설픈 분위기에 낯선 여행지에서 느끼는 호기심보다는 걱정이 앞서 미리 예약해 둔 렌트카 회사에 전화를 걸었다. 다행이 직원이 전화를 받고는 30분 이내에 역에 자동차를 가져다준단다. 조금 기다리니 불가리아 청년 하나가 블루 컬러의 르노 심벌의 자동차를 타고 나타나 접촉이 이루어졌다. 청년의 이름은 미카엘. 도로표지 문자가 러시아식 크릴 문자로 되어 도로표지가 읽기 어려우니 1박2일의 여정 동안 미카엘에게 대리운전을 해줄 수 없겠는가 하고 물었더니 숙식을 제공해 주면 일당 25유로로 가능하다고 했다. 미카엘은 25세 청년으로 다행히 그런대로 영어가 통해 별 불편 없이 데리고 다닐 수 있어 편했을 뿐만 아니라, 1박2일의 일정을 알차게 보낼 수 있었다.

짧은 체재 일정 때문에 시내를 걸어서 2시간가량 중심가를 답사하였다. 중심가를 산책하면서 보이는 동방정교성당과 모스크를 통해 불가리아에 기독교와 이슬람교가 공존함을 목격했고, 유대인 교회당인 시너고그(Synagogue)도 보았다. 오스만 터키제국의 지배를 받던 곳임을 확인할 수 있었다.

우리는 아침나절 플로브디브(Plovdiv)로 향했다. 플로브디브는 불가리아 제2의 도시로서 로마시대부터 로마 커뮤니티가 있었던 고도이다. 로마가 건설하는 도시에는 전형적으로 광장(Forum), 대형 목욕탕, 경기장, 극장(대부분 원형), 학교

전차가 다니는 소피아 시내의 거리.

왼쪽, 소피아 시내에 있는 동방정교교회.
오른쪽, 소피아 시내의 이슬람 사원.

등을 짓고 도시와 도시 사이에 길을 내어 도로망을 갖추는 것이 기본이다. 우리는 시내에 남아 있는 로마 유적과 이슬람 유적을 찾아 다녔다. 그곳에는 로마 유적과 근세에 지은 주택들이 공존한다. 로마시대의 원형극장과 오스만 터키 지배 시절의 이슬람 모스크가 동시에 공존하고 있다.

미카엘과 나는 점심을 먹고, 근교 아세노브그라드(Asenovgrad)에 있는 11세기 성곽유적을 답사한 후, 불가리아 최대의 수도원인 바츠코프(Backhovo) 수도원을 방문하였다. 이 수도원에서는 사진촬영을 못하게 하여 숨죽이고 몇 장 찍곤 나와서, 트라키안 유적이 있는 유명한 장미의 도시 카잔라크(Kazanlak)로 향했다. 카잔라크에

아센 요새.

〈 플로브디브 시내 건물과 뒤섞여 있는 로마 시대 유적.

도착하니 장미축제가 그 전날인 5월 31일에 끝났다고 한다. 하는 수 없이 그곳에서 1박한 다음 아침에 시내에 있는 트라키안 시대 왕묘를 찾아가 보았다. 1942년 발견되어 세계유산으로 등재되어 있는 트라키안 왕묘는 규모가 아주 작으며, 사진촬영도 금한다 하여 들어가 보질 못했다. 이곳은 3세기 축조 유적으로 무덤 안에 프레스코 채색화 매장실과 적·흑·백·녹색으로 그린 벽화는 그리스풍의 영향을 받은 것으로, 여기가 트라키안의 정주지였음을 증명하고 있다.

장미의 계곡에서는 대소 5백 여 개의 트라키안 묘가 산재해 있다고 한다. 아울러 로마시대 유적도 많이 보존되어 있다. 다뉴브 강이 루마니아와의 자연스러운 국경을 이루며, 발칸 산맥이 이 나라의 가운데를 가로지르고 있지만 산맥의 남북에 제법 큰 평야지대가 전개된다. 그래서 불가리아는 세계 유수의 농업국가이며, 장미 재배는 전 세계 생산량의 60퍼센트를 차지할 정도로 대량생산하고 있다.

트라키아 유물과 1973년 경주 미추왕릉 발굴 지구에서 출토된 황금보검(보물 635호로 경주국립박물관에 소장되어 있음)이 트라키아 켈트족이 사용하던 사자머리 버클과 유사성이 매우 높다. 그래서 4–5세기경 트라키아 왕국과 신라 사이에 어떤 형태이던 교역이 있었을 것이라는 일본 고미술학자의 주장은 매우 흥미롭다. 특히 일본인 학자 요시미즈 스네오(由水常雄)는 그의 저서 『로마문화 왕국, 신라(ローマ文化王国 新羅)』(新潮社, 2001)에서 다음과 같은 주장을 한다.

"신라의 4–6세기 전반 고분에서는 어떤 고분이던지 다량의 로마계 유물이 발굴되고 있다. 중국계의 유물은 거의 나오지 않고 있다. 신라 고분 출토의 금은 제품과 유리그릇, 토기, 무기 유형품은 스텝 루트의 유적이나 남러시아에 로마 문화를 받아들인 지역의 고분에서도 무수하게 출토되고 있다. 또한 신라 고분의 축조 방법은 북방 기마민족의 그것과 매우 유사하다. 특히 많은 고분에서 출토되고 있는 금관이나 금동관의 형식이 고대 그리스, 로마에서 시작되어 현대 유럽의 왕관 제작 형식에까지 계승되고 있는 '수목관(樹木冠)'인 것은 대단히 중요한 것이다. 이러한 출토자료나 기록자료, 기술이나 생활습관을 검증하면 고대 신라가 로마 문화를 가졌던 왕국이었음을 실증한다고 할 것이다."

위, 트라키아 황금 유물(불가리아 역사박물관).
CCL Nenko Lazarov.
아래, 신라의 황금보검. ⓒ 솔뫼

2008년 국립중앙박물관에서 연 '페르시아 문명전'을 계기로 주요 일간지에서는 신라 고분에서 출토되는 금장식이 페르시아 유물과 유사하다는 취지의 기사를 실었고, 그 후 일간지의 집중 취재기사에서는 유럽의 트라키아 유물과 유사하다는 점을 들어 고대 신라와 유럽 사이의 교류 가능성을 보도했다.

다음은 2009년 가을, 내가 발칸 반도를 다녀온 후에 한 일간지에서 읽은 것이다. "트라키아 지방이 게르만 민족의 이동을 촉발시켰던 훈족의 근거지여서 트라키아에 훈족 세력이 남아 있었을 가능성이 있다"(한국과학기술연구원 이종호 박사). "흉노는 중국에 패한 뒤 동서로 갈라졌다. 만일 서쪽으로 간 세력은 훈족이 되고 동쪽으로 간 세력은 신라와 가야의 지배 민족이 되었다는 설이 맞는다면 트라키아와 신라의 연결고리가 생기는 셈이다." "이 박사는 최근 '프랑스 루브르 박물관은 트라키아 장식에 쓰이던 석류석의 원산지가 스리랑카와 인도라는 것을 밝혀냈다'라고 설명했다. 트라키아에서 스리랑카, 인도까지는 어떻게든 무역로가 있었을 것이다. 그곳에서 신라까지 연결되는 무역로가 존재했던 것은 아닐까? 어쩌면 그건 가야의 수로 왕비가 인도에서 배를 타고 왔다는 이야기를 증명할 루트일지도 모른다."(유석재 기자, 조선일보, 2009. 10. 24)

보도자료에서 찾은 내용을 보면, 2006년 카잔라크 트라키아 왕들의 계곡에서 황금 유물이 엄청나게 출토되어 화제가 되었는데, 신라 황금보검의 '소용돌이' 문양과 아주 흡사한 장식물이 다량 출토되었다. 발굴된 유물은 불가리아 역사박물관에 전시

2세기 카잔라크의 트라키아 왕묘.

되어 있다는데, 출토 유물을 가지고 학자들은 신라와 트라키아의 연관성이나 흉노-훈족과의 연관성, 신라의 북방 유목민족 기원설 등 다양한 가정을 내놓고 있다. 이런 것을 보면서 고대의 역동적 문화 교류의 한 모습을 여기서 발견한 것은 카잔라크 방문의 커다란 수확이었다.

시간이 촉박한 나는 서둘러 장미밭을 찾아 나섰다. 발칸 산지와 중앙의 로도페(Rhodope) 산지 사이에 전개되는 이곳의 장미 골짜기(Rose Valley)는 장미 기름의 산지로 유명하다. 카잔라크의 지명을 준 '카잔(Kazan)'은 장미 기름 추출에 사용되는 증류솥을 가리키는 터키어이다. 그러니까 장미 기름은 오스만 터키 지배 시절에 터키 사람들이 가져다준 문화이다.

골짜기라고 하나 멀리 눈 덮인 발칸 산맥의 산록이 시작되는 곳까지는 꽤 거리가 있어 보이고 시야가 확 트인 평야지대이다. 5-6월 햇빛 밝은 장미 벌판에서 불가리아 민속의상을 입은 꽃 따는 아낙네들의 모습은 얼마나 목가적인가. 재배 단지를 찾아 나서면 드넓은 '장미의 골짜기'에 '분홍의 꽃'으로 물들어 있을 들판에서 이런 광경을 발견할 수 있을 것 같았는데, 초록의 장미잎 색깔에 묻혀 분홍색 벌판은 찾아내지 못했다.

장미 농부들이 장미꽃을 손으로 따고 있고, 길가에는 수집상이 이렇게 따서 모은 꽃을 수매하고 있었다. 장미는 원래 가시가 많은 관목으로 꽃을 따는 것은 여간 힘

카잔라크에서 수확한 장미잎.

〉 카잔라크 장미농장 전경.

든 일이 아니다. 수확하는 농부의 동의를 얻어 손을 좀 찍어 보았다.

저녁 7시 열차를 타야만 하는 나는 도중 칼로페(Kalofer) 마을에 잠시 들러 사진을 찍고, 불가리아의 역사적 마을 코프리브시티차(Koprivshtitsa)에서 점심을 먹으며 답사한 뒤 소피아 시내로 돌아왔다.

코프리브시티차 마을은 해발 1,060미터의 고지대 마을이어서 피서지로 이름이 나 있다. 마을 앞에 개울이 북에서 남으로 흐르고 동편 낮은 구릉에 4백 여 동의 개성미가 넘치는 전통민가가 아름답게 박혀 있으며 마을 입구에는 관광안내소도 갖추어져 있다. 이 마을은 현대 불가리아와 깊은 관계가 있다고 소개지에 적혀 있기에 그 내력에 대해 좀더 알아보기로 하였다.

코프리브시티차 마을은 14세기 오스만 터키군에 밀려 재력 있는 사람들이 이 산속으로 피난 와서 생긴 마을인데, 그 후에도 19세기 외지에 나가서 상업으로 돈을 번 마을 사람이 하나둘 전통 민가를 짓기 시작하여 지금의 훌륭한 마을 경관이 생기게 된 것이다. 이 마을은 불가리아 해방에 커다란 족적을 남겼다. 1393년부터 5백 년 동안 오스만 터키제국의 지배를 받다가 19세기 민족주의가 발칸 반도를 휩쓸 때, 이 마을이 1876년 일어난 민중봉기의 진원지가 된 것이다.

이곳에서 출생한 작가 루벤 카라베로프가 비밀조직을 만들어 1876년 4월 20일 터키군 부대를 습격하고 이를 전국에 연락하여 동시에 봉기하였으나, 터키 정규군에

위. 카잔라크 장미 재배 농부의 손.
아래. 칼로페 마을.

〉 코프리브시티차 마을.

압도되어 진압되었다. 이 과정에서 불가리아인 3만 명 이상이 희생되는 대참사가 발생하였으나 빅토르 위고, 레오 톨스토이, 도스토옙스키 등 당시의 지식인들이 비난의 목소리를 높이게 됨에 따라 국제적으로 '불가리아 대학살'이란 비난 여론이 일어났다. 이는 이듬해인 1877년 러시아가 터키를 침공하는 구실을 만들어 주었으며, 이 전쟁에서 터키가 패하면서 불가리아는 1878년 터키로부터 해방되고 불가리아 공국의 탄생을 보게 된다.

소피아는 비토샤(Vitosha, 표고 2,290미터) 산 밑에 펼쳐지는 고원도시로, 인구는 120만 명으로 그리 큰 도시는 아니다. 시간이 약간 남아서 소피아 남쪽에 우뚝 선 비토샤 산까지 드라이브해 기념사진을 몇 장 찍고 내려와서 미카엘과 작별하였다. 이렇게 1박2일이란 짧은 시간 동안 꿈 같은 여행이었지만, 불가리아는 내게 꽤 매력적인 나라로 다가왔다.

4.터키

이스탄불, 동서문명의 접점

2009년 6월 초, 발칸 반도 국가 루마니아와 불가리아를 거쳐 기차로 터키의 이스탄불에 도착하였다. 아시아의 끝 터키를 여행하려고 혼자 소피아에서 야간 침대열차를 타고 느릿느릿 아침 10시경 도착한 것이다. 철로는 이스탄불 역사지구를 왼쪽으로, 바다를 오른쪽으로 끼고 골든 혼(Golden Horn)의 가장자리를 돌아 시르케지(Sirkeci) 역에 도착, 기차에서 내려 역에서 걸어서 갈 수 있는 호텔을 미리 정하였기에 짐을 풀고 식사도 할 겸 거리 구경에 나섰다.

이스탄불은 2006년 1월 성지순례 여행을 하느라 단체여행으로 단 하루 체류한 일이 있었지만 제대로 돌아보지 못하였다. 그래서 이번 여행 후 이스탄불에서 바로 귀국하는 항공편을 예약하고 4일 동안의 일정을 만들어 도착한 것이다.

이스탄불은 보스포루스 해협을 사이에 두고 아시아와 유럽을 잇는 접점에 자리잡은 지리적인 특수성을 가진 도시로, 기원전부터 그리스 문명을 꽃피운 비잔티움에서 시작하였다. 기원 330년, 로마제국의 콘스탄티누스 대제가 이곳을 제2의 수도로 정하고 콘스탄티노플이라고 명명한 이래 동로마제국의 수도로서 1100년, 그 후 오스만 터키제국의 수도로서 5백 년의 영욕을 함께했다. 세계에서 아주 독특한 문명의 교차로이며 동서양이 혼재하는 역동적인 국제도시가 되었다.

터키 방문에 4일을 배정했으나 터키 여러 곳을 돌아볼 시간적 여유가 없었다. 거

모스크가 보이는 갈라타 다리 위에서 낚시중인 사람들.

골든 혼을 지나가는 페리.

리를 거닐다가 어디를 다녀올 수 있을까 하고 여행사에 들어 갔다. 항공편으로 에페소스와 파묵칼레를 방문하는 2박3일 의 투어를 권장해 준다. 패키지 투어를 예약하고 톱카피 궁을 찾아갔다. 오스만 터키제국의 궁정을 1924년 터키공화국 독 립 직후 국부로 추앙받는 아타 투르크의 명으로 아야소피아 와 함께 박물관이 되어 일반에 공개되고 있는 곳이다. 보스포 루스 해협과 마르마라 해를 바라보는 금각만(金角灣, Golden Horn) 끝머리라는 전략적 요충지에 세운 톱카피 궁은 대제국 의 술탄이 거주하면서 대제국을 통치한 궁전으로, 궁전에 전 시한 유물은 오스만제국의 역사이자 터키 민족 근세사의 한 부분이다.

궁전의 총 면적은 약 70만 평방미터, 담장은 전장 5킬로미 터. 그러나 톱카피 궁의 특성은 이런 규모에 있는 것이 아니라 궁전 자체가 하나의 복합적인 정치 타운을 이루고 있다는 것이다. 궁정은 3개의 권역으로 나뉘어 술탄의 사저는 물론, 7개의 이궁, 10개의 예배실, 국무대신들의 회의장, 5개의 학문연구 시 설, 제국의 국고(國庫)와 조폐창, 정부문서보관소, 목욕탕 14군데를 들여놓았다. 학 교와 병원, 궁정 내에서 필요로 하는 생활지원시설, 예술가의 작업실 등이 궁내에

위, 톱카피 궁전 안의 박물관.
아래, 아나톨리아의 그리스-로마 유적.

〈 갈라타 타워에서 본 톱카피 궁전.

있어 완전히 스스로 지탱하여 나아갈 수 있는 도시 내의 독립타운이었다.

중문을 지나 궁정 조리장에는 방대한 양의 중국, 일본의 도자기와 유리 제품이 수장, 진열되어 있다. 중국 도자기 수장 규모는 대만의 고궁박물원과 독일 박물관에 버금가는 규모다. 14세기부터 19세기 사이에 수집된 중국 역대 왕조 즉 송·원·명·청조의 도자기 1만 7백 점과 일본 도자기 730점도 소장하고 있다고 한다. 이러한 도자기는 장식용으로 쓰인 것이 아니고 궁전에서 실제로 사용했던 도자기로, 오스만 터키제국의 국력을 가늠해 볼 수 있는 규모인데 대부분은 해상교역을 통해 들여온 것이다. 각국의 요리를 담아내던 황실의 주방용이었던 것이다.

나는 터키 요리가 세계 3대 요리 중 하나라는 사실을 잘 몰랐다. 터키 여행을 준비하면서 모은 몇몇 자료에 적힌 기록을 보고 놀랐지만 곰곰이 생각하면 이해가 되는 말이다. 오스만제국 최대 번성기에 아시아, 유럽, 아프리카 등지에 모두 50여 개의 민족을 거느렸던 대제국이었다. 아시아에서는 17세기에 이르러 만주족(또는 여진족)이 일으킨 청(淸)제국이 한족을 누르고 중국을 차지했지만 지배계급인 만주족은 한족에게 흡수, 동화되어 멸족해 갔던 현실을 비교해 볼 때 묘한 느낌을 자아낸다. 이들은 모두 북방 유목민족이요, 알타이-몽골로이드 계통이다.

세 번째 중정에 들어서면, 황제 보물관이 나온다. 오스만 황실이 가지고 있던 화려한 보석이 전시되어 있는데, 제일 큰 88캐럿짜리 다이아몬드가 눈길을 끈다. 궁내의 고고학박물관에는 아나톨리아 고대문명을 비롯하여 헬레니즘 문화, 로마 문화, 비잔틴 문화와 가장 최근의 오스만 문화에 관한 귀중한 자료를 잔뜩 수장하고 있다. 1453년 무함마드 2세가 콘스탄티노플을 탈취하면서 터키인들이 가지고 들어온 이슬람 문화가 접목되기 시작하였다.

아시아·유럽·아프리카 세 대륙에 걸친 대제국은 톱카피 궁을 지으면서 이란·이집트·아시아 등지에서 뛰어난 예술가와 기술자들을 이스탄불로 불러왔다. 톱카피 궁전의 소장품은 궁전의 공방에서 만들어진 작품과 진상된 작품, 그리고 전리품 등이다. 특히 궁전 안에 설치되었던 공방에서 궁전에서 소요되는 미술품의 대부분을 제작하였는데, 화가·장식전문 문양가·보석세공사·도공·직공·목조공인 들을 고루 국내에 두고 직접 제작하였다고 한다.

터키어는 우리나라와 같은 우랄-알타이어군이다. 터키 민족은 이슬람을 믿고, 아리안이나 셈족 계통이 아닌 몽골로이드로 분류된다. 터키의 대다수 민족은 투르크족이 주류를 이루며 중국 서북부 신장에서 중앙아시아와 카스피 해 연안에 널리 퍼져 살면서 중앙아시아의 여러 나라와 민족을 형성한다. 단일민족으로 수천 년이란 시간을 한반도에서 살았던 우리 한국 사람들에게는 터키 사람들의 복잡다단했던 과거사를 이해하기가 쉽지 않을 것이다. 그들은 오랜 시간을 걸려 이동을 반복하면서 이동경로에 있던 여러 선주민과 교류하고 섞이면서 유라시아 대륙에 널리 퍼져 살

위·아래, 톱카피 궁전의 관과 미라.

게 되었기 때문에 민족 형성과정이 복잡한 했던 만큼 민족의 정확한 원류와 성격을 짚어내는 것도 쉬운 일은 아니다.

터키는 1923년 오스만 왕국이 멸망하고 터키공화국이 성립되면서 제정을 완전히 분류하여 서구식 민주주의를 추구하는 나라이며 인구는 약 7천만 명이다. 그런데 터키 사람들이 지금의 터키에 들어와 자리 잡고 살기 시작한 것은 고작 1천 년이 안 된다. 긴 역사적으로 보면 그리 오래되지 않은 일이며 오히려 그리스 사람들이 선주민이다. 약 3천 년 전부터 살아왔기 때문이다. 지도를 자세히 살펴보면 아나톨리아 반도 해안 도서부는 거의 그리스 영토로 표기되어 있음을 발견할 수 있다.

오스만 터키는 1453년 서쪽으로 향한 진출 끝에 천 년 이상 지켜 온 신성로마제국을 무너뜨리고 이스탄불을 점령하였다. 그리고 여기를 수도로 하여 터키 반도와 중동 해안지역과 이집트를 아우르는 넓은 지역을 차지하고 유럽을 공략하여 올라갔다. 제국은 불가리아 전역, 유고슬라비아 전역, 루마니아의 대부분, 헝가리의 상당부분까지 점령하고 오스트리아 빈 교외까지 공략하여 대치하는 등 유럽 유일의 강성제국이 되었다.

500년 후 제1차 세계대전 참전에 패하여 1923년 오스만제국은 멸망하는데, 다시 스스로 독립을 쟁취하여 공화국을 세웠다. 강대국을 세워 본 터키 사람들의 진취적인 기질과 국가경영 능력이 돋보인다. 황제 술탄 무함마드 2세는 골든 혼에 제국의 정궁 톱카피 궁을 건립한다. 오스만제국이 갖고 들어온 이슬람교는 이 지역의 지배 종교가 되었다. 그렇지만 타 종교를 차별은 하였으나 배척은 하지 않았다. 덕분에 동유럽에 동방정교가 그대로 잔존할 수 있게 되었던 것이다.

궁정 내를 살피고 나오니 어느덧 오후 4시가 넘었다. 서둘러 아야 소피아 성당으로 발길을 옮겼다. 그리스도교를 처음으로 공인한 콘스탄티누스 대제는 이곳을 수도 콘스탄티노플로 명명한 다음 대대적인 토목공사를 벌인다. 아야 소피아는 360년 콘스탄티누스 2세가 제국의 상징적 대성당으로 창건하였는데, 두 번에 걸친 화재로 소실되었다. 지금 서 있는 성당은 532년에 세운 건물로서 천 년 동안 세계에서 가장 큰 교회 건물이었다고 한다. 1600년을 버텨 온 참으로 위대한 건축물이다.

아야 소피야 성당은 4년 걸려 당대 제일의 건축가 트랄레스 안테미우스와 밀레투스 이시도루스가 설계·시공한 것인데, 본당의 넓이 75×70미터로 7,570평방미터에 달하고 천장 높이는 55.6미터, 돔의 지름은 33미터의 규모이다. 사각형 벽면에 둥그런 돔을 얹은 건축 방식은 최초로 시도한 건축양식으로 천체를 상징한다. 대성당은 이후 우여곡절은 있지만, 동방정교의 총본부로서 1천 년 동안 정신적 생활을 규제해 온 버팀목이었다. 문맹이 많았던 당시의 예배자들에게 사방 창문에서 들어오는 모자이크 회화는 가히 천국을 상상하게 하기에 충분하였을 것이다.

이들 건축물은 유일하게 남겨진 비잔틴과 오스만 시대 건축의 걸작이다. 그리고

〉 아야 소피아 성당 전경.

이들 건축물은 유럽과 중동에서 건축, 건조물학과 공간 구성의 발전 과정에 커다란 영향을 미쳤으며, 아야 소피아 성당의 모자이크는 교회와 모스크의 모델이 되어 동서양의 예술에 지대한 영향을 끼쳤다. 마지막으로 특히 톱카피 궁전과 수레이마니에 모스크의 카라반사라이(대상의 숙소), 대학, 의과대학, 도서관, 목욕탕, 호스피스 등은 건축적으로 걸출한 조합으로, 건축사 발전의 뚜렷하고 획기적인 한 단계를 보여주는 귀한 문화유산임을 유네스코 세계유산 등재문서는 밝히고 있다.

비잔틴제국에 대해 좀더 알아보니 콘스탄티누스 황제가 로마제국을 둘로 나누고 나서 서로마제국은 게르만족의 침략으로 곧 멸망하였으나 동로마는 1453년까지 1100년이란 긴 세월을 버티었다. 이때부터 그리스와 발칸 반도 지역은 로마 가톨릭과는 다른 기독교의 종파 그리스정교가 지배하는 지역이 된다. 그리스정교는 발칸 반도와 러시아의 슬라브 민족들이 받아들였는데, 비잔틴제국이 멸망하면서 종전 그리스어로 전례(典禮)하던 것을, 슬라브어로 바꾸고 교회가 나라별로 분할되어 로마 교회와 같은 정체성을 지키지 못하게 되었다. 그러나 19세기 들어 동구권역에 내셔널리즘 바람이 불어올 때 그리스정교가 구심점이 되었다. 비잔틴제국 시대에는 콘스탄티노플에 자리한 총주교좌가 제국의 관할하에 있는 그리스정교 교회를 관장하였다. 1054년에 로마교회와 대립이 악화되어 상호간에 파문이라는 극단적 행동으로 관계가 완전히 단절되었는데, 로마교회와의 관계 단절은 1965년까지 900년 동안 지

위, 아야 소피아 내부의 벽화.
아래, 아야 소피아 정원의 첨탑.

속되었다. 1204년 제4차 십자군 부대는 애초 표방했던 성지 예루살렘에는 가지 않고, 수송선단을 제공해 준 베네치아공화국의 뜻에 따라 콘스탄티노플을 점령하여 약탈하고 라틴제국을 세웠다. 그리고 비잔틴제국은 니케아로 망명하여 망명제국을 세웠다. 이런 상황은 50년 동안 지속되었다가 재탈환되었다. 성지 예루살렘을 회복하자는 순수한 목적의 성전이 추악한 이권 쟁취로 변모한 것이다. 이 무렵부터 동쪽에서는 셀주크 터키가 영토를 잠식해 오고 있어 비잔틴제국을 더 빨리 쇠락의 길로 몰고 갔다.

그런데 서로마제국이 망하고 홀로 천 년 동안 어떻게 하여 제국을 지속할 수 있었을까? 이렇게 오래 지속된 동로마제국이 서양문명에 끼친 영향은 무엇일까? 동로마제국의 흥망성쇠를 보여주는 역사부도를 보면 아야 소피아 대성당을 지은 유스티니아누스(Justinianus) 1세의 판도가 원래의 로마제국의 판도와 거의 맞먹을 정도로 강성하였다. 8세기 중반에 이르면 이슬람교의 팽창에 따라 중동과 아프리카의 영토는 완전히 없어지고 오늘날의 터키와 그리스 해안 지방을 겨우 차지하고 있었다. 그러다가 제4차 십자군의 침략을 받기 전쯤에는 다시 부흥하기 시작하였다가 오스만 터키가 서로부터 잠식해 와서 멸망 50년 전엔 콘스탄티노플 부근만 겨우 지탱하고 있었다. 그럼에도 불구하고 이렇게 오래 제국이 지속된 사례는 거의 없다고 한다. 비잔틴제국은 기독교를 공인하면서 종교를 국가통치에 이용하기 시작하였다. 황제의 통치는 '신의 이름' 또는 '지상에 군림하는 신의 대리인'의 자격으로 절대적 지배자가 되었다. 콘스탄티노플의 지리적 위치는 방위에 비할 데 없는 좋은 위치에다 교역의 요충지에 있어 번영의 조건을 갖추고 있다. 동로마제국 멸망 후에는 로마제국의 유일한 계승자라는 인식을 가지고 로마 법제를 계승하여 이를 완성하면서도, 실제 적용에 있어서는 유연한 입장을 취

비잔틴 시대 콘스탄티노플로 물을 끌어 오던 1700년 된 수로.

했다고 한다. 그러나 서유럽에서는 비잔틴제국의 역사적 공헌을 크게 인정해 주지 않고 있다고 한다. 로마제국이 창조한 법제도의 온전한 보존 승계, 이슬람 문명으로부터 서양 문명을 보호해 준 역할, 이슬람 문화를 소화하여 서구에 전달해 준 역할은 아무리 평가절하해도 작은 것은 아니었다. 오히려 이런 역할이 침체되었던 유럽의 중세 암흑기를 일깨우는 요소가 되었을지도 모른다.

　　1543년 셀주크제국의 한 토후였던 술탄 무함마드 2세가 이끄는 오스만 터키군은 콘스탄티노플을 점령함에 따라 1천2백 년 동안 지속된 비잔틴제국(동로마제국)이 결국 멸망하게 된다. 점령한 터키 군대는 이슬람 전통에 따라 사흘 동안 정신없이 약탈을 감행하였다. 이로 인하여 비잔틴제국이 남겨 놓을 문화유산 대부분이 사라졌다. 콘스탄티노플에 대한 유산은 몇 점 남아 있는, 세계유산으로 지정되어 있는 아

야 소피야, 지하 상수도 저수조(Basilica Cistern), 로마시대 수도교(Aqueduct Bridge), 히포드롬 전차경기장(Hippodrome-Sultan Ahmet Square) 및 외곽에 남아 있는 비잔틴 성곽뿐이다.

이스탄불이 되기 전, 콘스탄티노플은 문화적 선도자였다. 10세기까지 로마제국의 정치적 체제를 이어받고, 지리적으로 그리스 문화 전통과 기독교의 강한 정신성이 배합되어 있었던 비잔틴의 문화적 토양에서 종교적으로 그리스 오소독스 교회(Greek Orthodox Church)의 독특한 종교예술을 만들어 냈다. 서로마가 게르만 민족의 민족이동으로 한 지방 무력 토후에 의해 멸망한 후 서유럽은 문화적 암흑시대에 접어드는데 콘스탄티노플은 종교·문화·예술의 중심지로서 그레코-로만 고전문화의 진수를 지키고 보존 함양하여 왔다. 이 위에 새로 발흥한 이슬람 문화와 융합하여 서유럽에 퍼지면서 르네상스 문화를 촉발한 원인이 되었다.

이스탄불이 이슬람 사원과 터키풍의 문화로 넘쳐나는 도시가 된 것은 당연한 귀결이지만 오스만 터키 이슬람제국이 들어서면서부터다. 중세의 어두운 시절에 우뚝 서서 십자군의 발굽을 견디면서 갖은 역경을 다 헤쳐 온 성당은 회교사원, 즉 모스크로 바뀌었다. 회교사원으로 바뀌면서 건물을 둘러싸는 미나레트가 세워지고, 안에는 기독교의 성상을 회칠로 덮어 버리고, 대신 이슬람교 코란의 금문자와 문양들로 새로 채워 넣었다. 건물 자체는 5세기에 지은 것인데 믿을 수 없을 정도로 온전하

술탄아흐메트 모스크.

게 보존되었다. 아야 소피아가 세워진 지 천 년 후 지은 '술탄아흐메트 모스크'는 시난이 설계하여 1550년에서 1557년 사이 지어진 건축물로, 오스만 건축을 대표한다. 이밖에도 오스만제국은 이슬람을 국교로 신봉하였기에 제국의 영토 내에 무수히 많은 모스크를 지었다.

술탄아흐메트 모스크에서 예배를 드리는 사람들.

1924년 오스만제국이 멸망한 후 공화국의 국부 아타 투르크는 이곳을 박물관으로 보존하라고 지시하여, 부분적인 복원작업이 진행되면서 두꺼운 회칠이 조금씩 벗겨졌다. 벽면에는 성모 마리아상을 비롯한 비잔틴 시대의 종교 벽화가 드러났다.

2006년 방문했을 때는 건물 안에 높은 가설대를 설치해 수리 작업을 진행하는 장면을 목격하였는데, 이번에 보니 작업은 중단되고 가설대도 철거된 상태였다. 성소피아 성당의 중앙에 서면 이슬람교와 그리스도교가 공존하는 흔치 않은 역사의 현장을 실감하게 된다.

터키 통치자들은 이슬람 이외의 종교에 대해서도 이해적인 태도를 견지하고 이미 들어와 있던 선주민과 점령지의 주민이 믿어 온 신앙과 타 종교를 박해하는, 즉 다

위, 그랜드 바자의 가든숍.
아래, 터키의 카펫 공예.

른 종교의 유적을 헐어 버리는 정책을 취하지는 않았다. 그래서 이스탄불에 무수한 모스크가 세워졌지만 동시에 다른 민족의 신앙생활의 보존 유지도 허용했다.

이스탄불의 '그랜드 바자'는 1461년 완성되어 문을 연 시장으로, 오스만 터키 시대부터 내려오는 역사적 건조물이다. 실크로드의 중심지였던 시절에는 아마도 세계 최대의 시장이었는지도 모른다. 오스만제국은 한때 세계 최강국이 되어 14세기부터 지중해의 제해권과 상권을 거머쥐고 통제했고, 당시 지중해에서 으뜸의 상업도시 국가였던 베네치아와 제노아는 쇠락의 길을 걷기 시작했다. 당시까지 아시아의 주요 무역품이 인도양과 홍해를 거쳐 지중해로 오던 교역 루트에 일정한 제약이 가해지기 시작하자, 스페인과 포르투갈이 대체 항로를 개척하게 되고 이 과정에서 콜럼버스와 바스코 다 가마와 같은 역사적 항해자들을 통해 세계지도가 바뀌었다. 결과적으로 오스만 터키가 유럽 나라들의 아시아 진출과 식민지 지배를 촉발시킨 간접적인 원인을 제공한 것이 아닌가.

3천 개가 넘는 점포가 있는 그랜드 바자는 세계 최고라는 카펫과 다양한 토산품 및 귀금속류를 쇼핑할 수 있는 세계 최고, 최대의 백화점이라 할 수 있다. 그랜드 바자는 지붕을 덮어 옥내시장 구조를 보존하고 내부의 벽과 천장, 그리고 각 점포의 내부 공간을 오스만 시대 그대로 유지해 왔기 때문에 수백 년간의 시장 역사를 체험할 수 있는 곳이다. 수백 년을 내려온 역사성이 있는 시장이지만 매일같이 수천 명

〈 그랜드 바자 입구.

그랜드 바자의 향신료 점포.

의 사람들이 드나들고 내부는 필요에 따라 수리하여 사용해 왔다는데 전통 보존에 문제가 없는지 모르겠다.

22개의 출입구에서 가로 세로 64개의 격자형 거리로 이어진다고 하는데 처음 가는 사람에겐 미로와 같은 골목이 끝이 없을 정도다. 100년 넘은 시장 하나 없는 우리나라도 이런 오래된 전통을 발전적으로 보존하고 현대적인 용도에도 지장 없이 이용하는 터키 사람들의 적응력과 지혜를 본받았으면 좋겠다.

그랜드 바자 옆에는 중동 최대의 이집트 향료시장이 있다. 구경하면서 지나오는데, 지구에서 생산되는 모든 향료가 다 모여진 것 같았다. 가까이 가지 않고서는 무슨 향인지 모를 정도로 진한 향이 내내 코를 찌른다. 이곳 사람들이 향신료를 대량 소비하는 것은 요리의 수준과 다양성을 나타내 주는 하나의 징표가 아닐까.

수백 년 전 오스만 터키가 어떤 도시 계획에 의해 도시 규모를 확장시켜 나갔는지는 알 수 없지만, 구시가지는 도시가 팽창하는 대로 외곽으로 계속 뻗어 나갔는지 큰 대로가 별로 없이 대부분 꼬불꼬불한 길이다. 신기한 것은 넓지 않은 도로에 세 량으로 편성된 노면전차가 지상을 누비고 다니는데, 자동차와 섞여 잘 운행될 뿐 아니라, 남유럽식으로 꾸며 놓은 노변의 카페 테이블 옆을 아슬아슬하게 스치고 지나간다는 점이다.

터키에서 가장 붐빈다는 이스탄불의 공기는 맑을까? 대기오염과 인간이 배출하는 탄소도 문화유산 보존에 아주 부정적인 위해요소로 작용한다. 문화재 관광은 양면성을 가진다. 하지만 관광으로부터 들어오는 수입은 문화유산 보호와 관리에 적절히 사용할 수 있고, 문화유산의 인지도를 확대시켜 문화유산 보존의 공공인식을 높일 수도 있다. 그러나 인간에 의한 위해요소의 과다한 노출은 문화유산 보호와 보존에 심각한 문제를 야기한다. 수천 년을 버텨 온 문화유산 보존에 문제가 없을지 궁금하다.

길가의 한 식당에 들어가서 점심으로 양고기 시시케밥을 시켜 먹었다. 이스탄불은 비잔틴제국의 수도로, 또 오스만 터키제국의 수도로 다양한 인종의 생활양식이 섞이고 융합되어 만들어진 독특하고 개성 넘치는 코스모폴리스이다. 그래서 코스모폴리스에는 여러 민족의 요리가 섞이고 개발되면서 다양한 퀴진(cuisine)이 생기게 된다. 터키의 요리 중 가장 잘 알려진 것은 꼬챙이에 끼어서 구워 주는 케밥, 필라프, 요구르트 등이 있는데, 이런 것들이 모두 오스만 터키제국 500년 동안 대제국 황실의 입맛을 맞추기 위해 생겨난 요리임은 틀림없을 것이다.

터키 민족은 유목민족이지만 오스만제국이 가장 번성했던 시절에는 중동과 지중해 일대에 50여 개의 민족을 아우르는 대제국이었다. 우리가 지금 상용하는 커피를

위, 이스탄불 시내 풍경.
아래, 전차가 다니는 이스탄불 거리.

블루 모스크 천장 ⓒ Can Stock Photo_Razvanmatei

처음 마시기 시작한 것도 바로 터키 황실에서부터였다고 한다.

산뜻한 초여름의 날씨다. 블루 모스크로 들어가 내부를 관람하고 발길을 돌려 바닷가까지 뻗은 이스탄불의 역사지구를 사진 한 장에 담을 데가 없을까 하며 서서히 언덕으로 올라갔다. 그러다가 한 호텔의 옥상 커피숍 발견하고 다리도 쉴 겸 커피 한 잔을 시켜 마시면서 골든 혼을 구경했다. 이처럼 좋은 전망이 더 없을 것이다.

저녁 무렵에는 뉘엿뉘엿 지는 해를 등지고 역사지구 건너편 우뚝 서 있는 갈라타 타워를 향해 걸었다. 언덕 위에 높이 62미터가 되는 갈라타 타워는 1348년 제노아 사람들의 공동체 망루로 지었다가 후일에는 화재감시탑으로 사용되어 왔다고 한다. 오늘날에는 식당과 나이트클럽으로 이용되고 있으며, 일반인은 입장료를 내고 올라갈 수 있다. 그리 높지는 않았는데 걸어 올라가기가 매우 숨이 찼다. 여기 갈라타 타워는 역사지구를 내려다 보는 비스타 포인트라 정신없이 사진을 찍다가 60대쯤으로 보이는 일본 사람이 사진을 한 장 찍어 달라고 하여 잠시 멈추었다. 자연스럽게 인사를 나누니 그는 '사이토'라고 자기를 소개한다. 저녁까지 동무가 하나 생겨 심심치 않게 다닐 수 있었다.

갈라타 타워에서 바라본 이스탄불.

저녁은 갈라타 다리 밑에 줄지어 있는 반 노천시장에서 생선구이 샌드위치를 시켜 먹었다. 좀처럼 상상하기 쉽지 않은 메뉴라, 생선의 종류도 알 수 없어 주위를 두리번거리니 모두가 잘 먹고 있다. 뼈 발린 터키식 생선 샌드위치였다. 맛이 좋았다. 여행안내서 한 군데를 보니 터키 요리는 세계 3대 요리의 하나라고 쓰여 있다. 처음 듣는 말인데, 실제로는 이탈리안 요리 등이 더 알려진 세계적 요리가 아닐까 생각된다. 실제로 보니 소재가 풍부하고 메뉴가 아주 다양하다. 아시아와 유럽에 걸쳐 있는 나라인데다 유목민의 소박

위 아래, 터키 음식을 만드는 이스탄불 사람들.

한 전통 위에 터키라는 땅에 정착하면서 오스만제국의 부와 더불어 이슬람 요리와 유럽식 요리 등이 모두 수용되었을 것이다. 또한 오스만제국은 페르시아, 이집트 및 발칸 지방을 모두 지배하고 있었으므로 이들 지방 요리에서 영향을 주고받았을 것이다. 그러므로 하나의 성격을 지닌 요리가 아니라 아시아와 유럽의 식문화 전통이 병존하고 있을 것이다. 대표적인 것으로 세계인의 아침에 빼놓을 수 없는 요구르트, 화이트 치즈와 같은 유제품은 오스만제국 때 세계로 퍼져 나간 유목민의 전통이 만든 것이라 한다. 이밖에도 여러 가지를 들 수 있으나 특기할 만한 것은, 견과류를 요리에 사용하는 것, 흑해(Black Sea)와 지중해의 해산물을 사용한 해산물 요리, 올리브 오일, 향신료 등을 거론할 수 있을 것이다. 앞서 이야기했지만 커피도 오스만 황실이 처음 음용한 것이 세계로 퍼져 나간 것이라고 한다.

제1차 세계대전 때 독일 측에 가담하여 패전국이 된 오스만제국은 1923년 패망하고, 터키공화국이 들어선 후 수도는 앙카라로 옮겨지게 된다. 기존의 교회를 그대로 모스크로 활용하였지만, 이교도를 탄압하지 않은 오스만제국의 종교정책은 타종교를 관용하고 공존을 인정하는 매우 드문 정책이었다. 가치관을 바꾸지 않고 자기네끼리 생활할 수 있도록 해준 배려, 그것이 오히려 오스만제국을 600년 동안 유지할 수 있게 해준 힘이 아닐까. 그러나 오스만제국이 지배했던 발칸 반도의 조그마한 이슬람 슬라브 국가가 구유고연방 해체에 따른 전화와 갖가지 부작용을 초래한 것도 사실이다. 흑해와 마르마라 해(Sea of Marmara)를 양옆에 둔 보스포루스 해협이라는 좁은 통로로 이뤄진 이스탄불은 유라시아 대륙을 가르고 황금의 뿔(Golden Horn)이 수호하는 정치·사회·문화의 접점지다. 이렇게 둘도 없는 요충지였기에 1600년 동안 대제국의 수도로, 기독교와 이슬람이 교대하면서 공존하는 메트로폴리스로, 문화가 생동하는 역사국제도시로 이스탄불은 만들어졌을 것이다. 해변을 배경으로 서 있는 모스크와 궁전들이 무척 멋지다. 내일은 에페소스로 가기 위해 일찍 공항으로 가야 한다.

고대 아나톨리아의 카파도키아

카파도키아(Cappadocia)는 터키 중앙에 위치한 지역으로, 아나톨리아 고원 한가운데에 자리하며, 터키는 이곳을 괴레메 국립공원이라 지칭한다. 제2권에서 동굴 주거에 대하여 간단히 소개했지만, 카파도키아는 대규모 기암지대로, 자연이 만들어 낸 모양이라고는 믿기지 않을 정도의 불가사의한 바위들이 많다. 적갈색·흰색·주황색의 지층이 겹겹이 쌓여 있는데 이것은 수천 년 전에 일어난 화산 폭발로 화산재와 용암이 수백 미터 높이로 쌓이고 굳어져 응회암과 용암층을 이뤄 만들어진 것이다. 약 3백만 년 전까지 화산이 긴 세월을 두고 폭발을 계속하면서 용암이 쌓였고, 곳에 따라서는 1천 미터 이상의 두꺼운 응회암층이 생겼는데, 오랜 세월 비바람에 씻겨 대

〉카파도키아.

부분 침식되고 깎여 나갔다. 침식되지 않고 굳은 용암은 죽순 또는 버섯 모양의 기암(奇岩) 무리가 되었다.

　카파도키아는 마치 신이 땅 위에 마음대로 빚어 놓은 조각공원을 연상케 한다. 이 신비스러운 자연은 인간 흔적만 없으면 마치 달 표면에 온 것 같은 착각을 불러일으키기에 충분하다. 때문에 예전에 상영된 영화 〈스타워즈〉의 촬영지로 쓰였을 정도이다. 유네스코는 1985년, 자연과 인간의 오래된 주거 환경이 뒤섞인 이 카파도키아를 자연유산과 문화유산이 섞인 복합유산으로 지정하였다.

고대로부터 이 지역은 아나톨리아 고원에 위치하여 중앙아시아로부터 지중해를 오가는 카라반들의 길목이 되었으며, 근대에 이르기까지 실크로드의 중요한 통과거점 역할을 했다.

카파도키아는 세레우스 왕조의 세력권에 포함되어 있었으나, 로마가 강성해지자 로마에 충성하였으며, 비잔틴제국 시절인 11세기까지 동로마제국의 보루로서 중요한 역할을 했다. 이곳은 기독교의 아픈 역사의 현장이기도 하다. 터키 민족이 여기에 이주하여 오기 전까지 이곳의 주민은 그리스인·아랍인·유대인 들이 공존하는 지역이었는데, 기원 후 7세기 말엽에는 신흥 이슬람교 세력이 밀고 들어왔다. 기독교인들은 신앙을 지키기 위해 동굴이나 바위에 구멍을 뚫어 지하도시를 건설해 끝까지 신앙을 지키며 살았다.

카이마클리에 인공동굴 지하도시가 하나 있는데 지하 8층으로 굴을 파고 들어가 사람들이 살 수 있는 주거시설을 만들어 놓았다. 확증 자료는 없지만 약 5천 명까지 살 수 있는 공간이라고 한다. 주 출입구는 커다란 돌로 막아 적이 쉽게 찾을 수 없게 하였고 안으로 들어가면 교회, 가족별 주거공간, 취사장, 심지어 가축 우리까지 갖추어져 있다. 카이마클리 지하도시는 관광객에게 공개되고 있다.

위. 카파도키아의 석굴 수도원.
아래. 카이마클리 지하도시.

카파도키아에 갑자기 내린 눈으로 미끄러워진 도로.

우리는 카파도키아 석굴 식당에서 점심을 먹었는데, 산언덕을 파고 들어가 여러 개의 방을 만들어 관광객에게 식사를 서비스하고 있는 것을 보니 지하도시 건설이 어렵지는 않았겠구나 하는 생각이 들었다.

카파도키아에는 벌집과 같이 산 벼랑에 3백여 개 이상의 수도원과 1백여 개의 교회가 남아 있다. 이 석굴 교회는 지상에 있는 교회와 다를 바 없는 십자 형태의 구조를 하고 있거나 둥근 천장을 가진 곳이 많다. 교회의 프레스코화는 보존 상태가 좋지 않은 것이 많았다.

이곳의 특이한 지형은 주민들에게 더없는 편의를 제공했다. 응회암은 암석이라고는 하나 쉽게 깎이는 탓에 쉽게 주거공간을 만들 수 있다. 또 좁다고 생각될 경우 주변의 돌을 더 파내기만 하면 된다. 석굴집은 여름에는 시원하고 겨울에는 따뜻하여 주택으로서 조금도 손색이 없다. 중동과 지중해 일대 바다는 진한 청색을 띠고 있을 정도로 비가 별로 오지 않는 건조지대인데, 우리가 카파도키아 여행을 마치고 하루 자고 떠나는 날 아침에 일어나니 웬일로 눈이 듬뿍 쌓여 있었다. 온천지가 하얗게 바뀌니 그곳 풍경이 더욱 신비하게 보였다. 하지만 공항으로 가는 언덕길에 미끄러운 눈이 쌓여, 버스가 오르지 못하고 지체해 비행기 출발 시간을 놓쳐 버렸다. 이 바람에 계획했던 일정에 적지 않은 차질이 생겼다.

파묵칼레, 히에라폴리스

이스탄불에서 아침 일찍 비행기를 타고 한 시간이 채 못 되어 이즈밀에 도착하자 마중나온 여행사 직원이 자동차로 한 시간가량 남쪽으로 달려 셀주크 교외 도로 나들목에 있는 휴게소에 내려 주었다. 그리고는 여기서 잠깐 기다리면 파묵칼레로 가는 다른 여행객과 합류하여 출발한다고 한다. 조금 있으니 외국인 관광객 7명이 모아져 왜건 차로 떠났다.

셀주크에서 차로 3시간 정도 달려 파묵칼레에 도착해 올라가니 하얀 석회를 도배한 다랑논에 물을 댄 것처럼 보이는 파묵칼레의 전경이 눈에 가득 들어왔다. 물이 고인 논은 햇빛에 푸른색을 띤 에메랄드 호수처럼 신비스럽게 빛난다. 산에서 솟아나는 물이 경사면을 따라 내려가면서 석회와 소금, 미네랄 성분이 지표면에 침전하면서 부드러운 백색 석회질로 덮어 버려 수많은 흰색 물웅덩이와 종유석 논을 만들어 놓았다. 아름다운 지형이다.

히에라폴리스는 기원전 190년에 건설한 도시유적이다. 부근 산에서 나오는 물은 섭씨 35도의 온천수로, 성경에도 언급되는 히에라폴리스(성경의 골로새서에는 '히에라볼리'로 소개

파묵칼레.

됨)라는 이름의 온천 휴양지를 만들었다. 이 도시를 처음 건설한 왕은 기원전 180년
경 페르가몬 왕국의 유메네스 2세였다고 한다.

현장에 도착하니 왼쪽 아래로는 흰 다랑논이 눈부시게 전개되고 오른쪽에는 히에
라폴리스의 고대도시 유적 중의 하나인 원형극장과 석재들이 여기저기 널려 있다.
관객 1만 5천여 명을 수용하는 원형극장 관객석 위에서 내려다보는 파묵칼레의 전
망이 황홀할 정도로 멋지다. 약 1백 미터 아래에는 파묵칼레
온천타운이 형성되어 터키 사람과 외국인 관광객이 즐겨 찾는
인기 있는 관광코스가 되어 있다.

히에라폴리스 중심부에서 산으로 좀더 올라가면 기독교 순
교지가 있는데 사도 빌립이 순교한 곳이라고 전해진다. 아마
도 기독교가 공인된 후 비잔틴제국에서 5세기경 사도 요한 기
념교회와 함께 지은 것이 아닌지 추정된다. 기독교 시대에 접
어들면서 예수의 12제자 중 한 사람이었던 사도 빌립이 이곳
에서 순교하였다는 것이다.

원형극장에서 북쪽으로 난 길을 따라가면 사도 빌립이 전도
하던 장소에 순교기념관이 세워져 있다. 기념관 쪽으로 올라
가 보았다. 어떤 젊은 분이 기도를 드리고 있었다. 나중에 알

파묵칼레.

앉지만 이분은 한국에서 세 살짜리 어린 아들을 데리고 부인과 함께 1년 동안 세계일주중인 서울에서 온 구도 목사였다. 어린 아이를 데리고 쉽지 않은 세계일주 여행을 하는 젊은 목사 내외의 높은 뜻에 경의를 표하고 헤어졌다.

파묵칼레 온천타운에서 점심을 먹고 숙소로 정해 준 쿠사다시에 도착한 시간은 저녁 해가 질 무렵이었다. 쿠사다시 항에 크루즈가 정박해 있는 것을 볼 때, 이곳이 그리스와 에게 해로부터 크루즈로 여행하다 들르는 터키 해안 관광도시임을 알 수 있었다.

다음날 아침은 에페소스와 인근 터키 공예마을을 방문하는 날이다. 아침부터 무더위가 기승을 부리려 한다. 에페소스 입구는 동쪽 언덕 위에서 해안으로 약간 내려가는 언덕길을 따라 구경하는 방식으로 관광코스가 잡혀 있는 것 같다. 입구에 도달하니 에페소스를 찾아온 관광객이 무척 많다. 에페소스는 아마도 현존하는 도시유적으로는 최대 규모일 것이다. 지금은 돌무더기만 쌓여 있는 폐허이지만 중심가인 크레티아 거리를 정면 아래쪽으로 내려가면 당시의 도시 모습을 짐작할 수 있는 신전, 원로원, 집정관 그리고 로마인들의 목욕탕, 도서관, 원형극장이 차례로 나타난다. 기독교 시대에 에페소스는 5세기까지도 이스탄불에 다음가는 중요한 로마의 도시였다고 한다.

에페소스는 기원전 220년경 건설된 로마와 예루살렘에 버금가는 인구 22만 5천 명

위, 사도 빌립이 순교한 성지에서 구도하는 한국인 구도자.
아래, 세르시우스 도서관.

〉 에페소스의 크레티아 거리.

규모의 대도시였으며, 기록에 의하면 이곳엔 로마의 원로원이 주둔하였는데 기원후 29년에 대지진으로 파괴되었다가 로마황제 티베리우스가 복구한 것으로 전해진다 (누가 3:1-디베료). 에페소스의 원형극장에서는 로마에서와 마찬가지로 인간과 짐승의 격투를 통해 죄수를 처형했다고 한다.

에페소스는 기독교의 중요한 성지 중의 하나다. 에페소스에는 기원후 50년경 초기 기독교의 개척교회 중 가장 활발한 에페소스 교회가 있었고, 기독교 전도에 가장 공이 큰 사도 바울이 여기서 4-5년 동안 산 것으로 성경에는 기록되어 있다. 신약의 하나인 에페소스서는 바울이 에페소스에 있는 교인들에게 쓴 편지이다. 사도 바울은 에페소스에서 아르미테스 신전의 상을 조각하여 파는 은공예 장인에게 우상을 조각한다고 비판하자, 장인들이 들고일어나 원형극장에 많은 군중이 모여들어 하마터면 군중재판을 받을 뻔 했다. 사도 바울은 이 일이 일어난 후 여기를 떠난 것으로 되어 있다(사도행전 4장).

오늘날 이 아르미테스 신전은 모두 파괴되었으나 여기서 2-3킬로미터 떨어진 들판에 기둥뿌리 하나가 남아 있다. 그리스 신화의 아르미테스 여신은 제우스 신의 딸로서 태양신 아폴론과는 쌍둥이 남매이다. 아르미테스 여신은 처녀의 수호신으로 순결과 정절의 상징이었으며, 또한 다산(多産)과 풍요의 신이기도 했다.

사도 요한이 예수의 부탁을 받고 성모 마리아를 에페소스에서 모시고 살았다는

위. 아르미테스 신전의 기둥.
아래, 성모 마리아가 생애 마지막 해를 살았던 집.

설이 유력하다. 그리하여 에페소스에는 6세기에 지었다는 요한의 묘지와 기념교회의 유적, 그리고 성모 마리아가 말년을 보냈던 곳으로 제3회 종교회의(기원후 431년)가 인정한 기독교 유적지이다.

투르크족의 긴 여정

이번에는 도자기와 향료의 교역으로 촉발된 동서교류와 몽골과 스텝 지방에서 중국인들과 대결하다가 패주하고 서진해 온 투르크족에 관한 이야기를 해보려 한다. 기원전 수세기 전부터 오아시스와 초원지대를 누비던 흉노·선비·돌궐족은 한족에 밀려 역사의 뒷무대로 사라졌다. 오늘날 이들 후예는 동쪽으로는 몽골에서 서쪽으로는 중앙아시아에 이르기까지 8천 킬로미터의 넓은 대역에 널리 퍼져 살고 있다. 이 중 투르크족의 숫자는 1억을 훨씬 넘는 것으로 추정된다. 중국을 지배한 원(元)의 후예 몽골족의 인구수는 약 5백만 명, 청(淸)의 후예 만주족은 겨우 몇 십만 정도라 한다. 만주족이 한족에게 흡수되어 버린 것이다. 중앙아시아에 널리 퍼진 유목민족은 기록과 유형의 문화재를 별로 남겨 놓지 않기 때문에 유목민족의 역사를 제대로 파악하기란 그리 쉬운 일이 아니다. 그래서 대부분 기록이 남아 있는 중국측의 사료에 의존하게 된다.

터키인들은 투르크족의 한 갈래로, 중국 사서에 나오는 돌궐의 후예인데, 몽골고원에서 서쪽으로 이동하여 오늘날 터키라는 나라를 일으킨 투르크 민족국가의 맹주이다. 돌궐족은 몽골리아 북부에 살았던 것으로 추정되는데, 오르혼 강 유역에서 투르크어 비문이 발견되어 돌궐족의 기원을 가늠해 볼 수 있는 역사적 자료가 되었다. 스텝의 여러 민족들 중에서는 오직 돌궐족만이 문자로 남긴 오르혼 기념비는 735년 투르크의 군주 죽음을 기념하여 세운 것으로 '투르크 고대 문자'를 사용하여 투르크의 기원 신화, 역사의 황금기, 중국의 지배와 해방을 서사시적 언어로 묘사하고 있다고 한다.

583년 중국을 통일한 수나라와의 전쟁에서 패배하면서 동서 돌궐로 분리되었고, 뒤이어 등장한 당나라로부터 간섭을 받다가 683년 당나라의 지배에서 벗어나 독립하였다. 돌궐은 이번에는 742년 위구르족의 침공으로 멸망한다. 스텝 지방에 있던 돌궐의 마지막 왕조였다. 돌궐은 고구려와도 친근하게 교류하였는데, 우즈베키스탄 사마르칸트의 아프라시아브 벽화에 제작연도가 대략 640년경으로 추정되는 고구려 사신의 돌궐제국 예방 그림이 나온다. 이들은 아마도 고구려가 수·당의 침공을 받고 돌궐의 도움을 요청하러 온 것이라고 추정한다. 실제로 돌궐의 다른 이름인 철륵(鐵勒)이 당을 협공하여 당군의 일부가 급히 돌아가면서 고구려는 당과의 전쟁에서 승리한다.

위, 은세공한 의식용 신.
아래, 보석 황금상감 의식용 철모.

몽골과 알타이 산록 초원지대에 널리 분포되어 유목하던 여러 유목민족은 어느

오스만제국의 술탄이었던 무함마 2세.

한 민족이 흥륭하면 주변 다른 민족을 제압하고 중국 한민족과도 대결하는 양상이 오랫동안 지속되었다. 흉노족은 기원전에 흥륭하여 한족과 대결하다가 패망하고 역사 무대에서 사라졌다. 4세기경 발칸 지방에 나타나 로마제국을 괴롭힌 훈족이 흉노족인지 하는 문제는 확실한 정설이 없다. 한편 선비(鮮卑)족은 한족과 겨루어 흥륭하면서 중국 역사상 오호십육국(五胡十六國)의 시대가 열리며 선비의 척발부(拓跋部)가 위(魏)를 세워 강국이 되었고, 불교를 받아들이고 다퉁(大同)에 원강(雲岡)석굴을 남겨 놓는데 결국은 한족에 동화·소멸된다.

선비족의 뒤를 이은 투르크족은 앞서 말한 바와 같이 돌궐제국(522-582)과 동돌궐은 744년까지 약 250년 동안 중앙아시아를 군림한다. 8세기 위구르족에게 패망한 투르크족은 이후부터 이렇다 할 제국을 세워 보지 못하고 서쪽으로 이주하여 간다.

7세기경 중앙아시아에는 이슬람교가 들어와 있었는데, 서기 751년 당나라와 이슬람 압바스 왕조가 전쟁을 하는 사태가 벌어졌다. 고구려의 후예인 고선지(高仙芝) 장군이 이끄는 당의 군대가 탈라스에서 이슬람군과 대결하여 패배하는 역사적 사건이 일어난다. 동아시아 유교 문화와 이슬람 문화의 대결이다. 이후 얼마 안 되어 당은 망하고, 중앙아시아 전역은 물론 동돌궐을 멸망시킨 위구르왕국(현재의 중국 신장 지역에 있던 왕조)까지 이슬람으로 개종된다. 위구르왕국은 840년 멸망하는데, 이후부터 중앙아시아에는 이제까지 보지 못했던 민족대이동이 일어난다.

이런 과정에서 투르크족은 선주민과 신체적·문화적 접촉이 일어나 민족 간에 피가 섞여 체질도 변화하여 갔고, 종교적으로 그들의 전통적 신앙을 버리고 이슬람화해 갔다. 무슬림이 된 투르크인들은 중앙아시아 여러 지역의 술탄(Sultan-이슬람 군주)의 노예로 수입되어 주로 근위대 또는 직업군인으로 활약하는데, 투르크의 이런 노예를 다른 노예와 구분하여 '맘루크(Mamluk, 소유된 자)'라고 불렀다고 한다. 세월이 지나면서 그 숫자는 늘고 경제적으로 부를 축적하면서, 더러는 세력화해 9세기경에는 술탄들의 권력 유지를 터키계 군인들에 의존하게 되었다. 즉 고용된 투르크 군인들이 이슬람 군주의 왕권을 지탱해 주는 지경에 이르렀던 것이다.

무함마트 2세 칙령에 사용한 화압.

10세기경 훗날 왕조를 일으키는 셀주크 가문이 군대를 이끌고 부하라(현대 우즈베키스탄)에 이주하여 한때 가즈니 왕조에 봉사하였다. 그러다가 셀주크 군대는 1037년 봉사하던 왕조를 공략하여 멸망시키고 주요 도시를 장악하였다. 셀주크 왕조는 세력을 확장하여 페르시아와 시리아 및 허약한 비잔틴제국으로부터 할양받은 아나톨리아 대부분을 차지하게 되었다. 이때부터 터키인들의 아나톨리아 입주가 대대적으로 일어났다. 셀주크 왕조는 1220년 몽골군의 침략 때까지 존속하였다는데,

톱카피 궁전의 아나톨리아 유물들.

그동안 터키적인 이슬람 문화가 그리스인들이 심어 놓은 기독교문화를 대체하여 갔다.

투르크인들이 몽골 북방 초원지대에서부터 터키로 이동하는 데 5-6백 년 소요되었으나, 이들은 페르시아 문화권을 가로질러 가면서 자연히 혼혈 현상이 많이 일어났고 사용하는 언어도 페르시아어에서 많이 차용하였다. 투르크 민족의 오스만제국이 들어서기 전까지의 내력이다. 이와 같이 하여 아나톨리아는 터키화가 추진되었다. 아나톨리아에는 그리스 사람들이 선주민으로 이들은 약 3천 년 전부터 에게 해 연안에 도시국가를 이루면서 살아왔다. 지금도 터키 지도를 잘 살펴보면 해안선을 따라 거의 모든 섬을 그리스가 차지하고 있다.

오스만제국은 우리나라 조선왕조와 비슷한 시기에 6백 년 동안 이스탄불을 수도로 하여 발칸 반도의 대부분과 지금의 터키·이라크·지중해 동부지역과 북아프리카 일대를 지배하는 투르크족의 대제국을 일구었다. 제국은 14세기부터 지중해의 제해권과 상권을 거머쥐고 모든 교역을 통제하기 시작하면서 동서교역과 유라시아 정치지도를 바꾸는 데 크게 작용한다. 지중해–홍해–인도양 항로에 장애요인이 생기자 스페인과 포르투갈이 발 빠르게 대체 항로를 개척한다.

바닷길(海路) 교역로는 수에즈 운하가 건설되기 전까지 지중해에서 육로로 홍해 또는 페르시아 만을 거쳐 인도양으로 나온 다음 동남아시아를 거쳐 남부 중국으로 이어진다. 교역은 말할 것도 없이 지배세력의 보장으로만 가능하다. 여행가로서 왕래한 사람들도 지배세력(왕조)이 통행을 보장하고 출경도 보장해 주어야만 가능하였다.

오스만제국은 6백 년 동안 유럽의 강대국으로, 이스탄불에 유럽의 여러 나라의 대사관이 설치되면서 외교무대의 중심에 섰다. 그러나 제1차 세계대전에서 독일 쪽에 가담하여 싸웠기 때문에 전후처리에서 지금 터키 영토를 제외한 모든 영토를 잃고 1920년 멸망하고 터키공화국이 성립되기에 이른다. 독립된 터키는 종교와 정치를 완전히 분리하고 서구식 민주주의를 추구하게 된다. 현재 터키공화국의 인구는 약 7천만이다.

스키타이와 투르크가 공존하는 초원의 실크로드

이 책의 원고를 거의 마무리할 무렵, 카자흐스탄을 여행하게 되어 초원의 실크로드의 중요 부분인 톈산북로(天山北路)를 직접 답사하고 글을 추가할 수 있게 되었다. '초원의 실크로드'는 2권에서 다룬 제목이다. 그때는 '초원의 실크로드-1'에서 내몽고(內蒙古)와 오르도스를 다루고, 만주족 청(淸)제국의 발원지 동북삼성(東北三省, 랴오닝[遼寧], 지린[吉林], 헤이룽장[黑龍江])을 다녀와서 '초원의 실크로드-2'에서 몽골과 만주 및 청(淸)의 이야기를 다룬 바 있다.

2012년 7월, 나는 한국 이코모스 학술조사팀의 한 사람으로 알마티에 도착하였다. 우리가 여기서 해야 했던 일은 카자흐스탄의 세계유산인 탐갈리(Tamgaly)에 있는 암각화를 조사하고, 중국 신장에서 들어오는 톈산북로를 탐방하는 것이다. 가능한 한 당나라 장수 고선지 장군이 이슬람군과 대결하여 패한 탈라스 지역을 살펴보고 싶었지만, 알고 보니 5백 킬로미터 이상 떨어진 곳인데 실제로 전투가 있었던 전장은 키르기스스탄 영내에 있어 복잡한 출입국 수속을 밟지 않고서는 불가능하였다.

이번 여행은 내가 다닌 실크로드 여행중 가장 정신적으로 편안하고 손쉬운 여행이다. 여느 때 같았으면, 직접 여행 계획을 짜고 현지에서의 이동수단 등도 스스로 수배해야 했는데, 이번에는 여행을 계획한 분이 따로 있어 마음의 부담이 없었다. 또 일행 모두가 문화유적답사라는 하나의 여행 목표를 가진 관련 전문가들이어서

〉 톈산북로 골짜기.

사진을 찍고 질문을 하는 데 자유로웠다.

알마티에 도착해 공항 근처 호텔에서 1박했다. 우리가 묵은 호텔은 사람들을 편히 쉬게 하려는 분위기는 좀처럼 찾을 수 없었다. 소련 공산주의 시절 전통이 그대로 남아 있어 우중충한 분위기에다가 방의 침대는 사람 하나가 겨우 잘 수 있는 좁디좁은 침대 두 개가 전부다. 그것도 매트리스가 없이 널판에 담요를 깔았을 뿐이다. 샤워장도, 화장실도 객실 내에 없다. 11년 전 모스크바에 처음 내려 지방 도시에 가기 전에 하룻밤 잤던 호텔과 시설이 꼭 같다. 무표정한 종업원과 층마다 손님을 통제하고 감시하기 위한 데스크 복무원이 있다. 다른 투숙객도 별로 없는 것 같아, 우리 일행은 맥주를 사다 마시며 낯선 환경을 위로하고 하룻밤을 잤다. 다행히 다음 날은 이곳을 떠나 한국인이 운영하는 게스트하우스에서 묵을 수 있었다. 우리는 이곳에서 편히 쉬고 집주인 박 선생의 안내를 받아 유적지를 탐방했다. 도로표지가 모두 크릴 문자로 되어 있어 그 덕에 편하게 움직일 수 있었다.

카자흐스탄의 도로는 어떤 곳은 잘 정비되어 있지만, 어떤 곳은 중앙분리선과 차선도 없을 정도로 열악하다. 차들은 구소련 시대의 못생긴 박스형 자동차와 고급승용차가 섞여 다

러시아정교회.

난을 만드는 카자흐스탄 요리사.

니지만, 일반적으로 다들 깨끗한 편으로 카자흐스탄의 발전된 경제를 보여주는 듯했다. 2011년 카자흐스탄의 국민소득은 1만 3천 달러라고 하니, 사회주의 국가치고는 매우 안정적으로 발전하고 있는 편이다.

카자흐스탄은 소비에트사회주의연방(소련)에서 분리 독립한 CIS연방의 한 나라다. 아시아 대륙의 중앙에 자리 잡은 세계에서 아홉 번째로 큰 영토를 가진 내륙국이면서 두 개의 바다를 면하고 있다. 하나는 카스피 해로, 면적 약 37만 평방킬로미터로 일본의 면적보다 넓다. 또 하나는 6만 4천 평방킬로미터 넓이의 아랄 해이다. 아랄 해는 유역의 나라들이 바다로 유입되는 강물을 관개용으로 빼서 쓰면서 수위가 낮아지고 있어 범세계적인 대책을 마련중에 있다. 동쪽에는 중국과의 국경과 알타이 산맥을 포함하는 카자흐 고원, 중부에 사르다리아 고원분지 그리고 서부에 카스피 해 연안 저지대로 나뉜다. 땅은 넓지만, 국토의 대부분은 광대한 사막으로 인하여, 인구는 남부인 톈산 산맥 북방 스텝 지역 대도시 주변과 북부 러시아와의 국경지대에 집중되어 있다.

첫날, 여기서 170킬로미터 떨어진 탐갈리 고고경관 암각화 유적지를 향하여 출발했다. 실크로드의 톈산북로 '초원의 길'을 체험하는 귀한 찬스다. 알마티를 벗어나 서쪽으로 곧게 뻗은 국도를 약 1백 킬로미터 달렸다. 이 길은 중앙선과 길가 흰색 선이 칠해져 있는 비교적 잘 정비된 국도다. 여기서 계속 가면 키르기스스탄의 수도 비슈케크로 갈 수 있고, 계속 서진하면 타라스를 지나 우즈베키스탄의 타슈켄트를 산을 넘지 않고 갈 수 있을 것이다. 들판에 관개가 되는 곳엔 풀과 곡식이 파랗고 그렇지 않는 곳은 누렇다. 알마티를 떠나 한참을 달려도 누런 벌판뿐이고 사람이 사는 마을이 나오지 않는다. 100여 킬로미터 되는 지점에 조그만 동네 편의점이 하나 있어 음료수를 사러 들어갔다. 계속 가면 마을이나 식당이 없을 것 같아, 우리는 여기서 '난(인도와 중앙아시아에서 먹는 화덕에 구은 빵)'과 소시지와 피클을 사 가게 앞 천막에서 야전식으로 점심을 때웠다.

탐갈리 암각화와 고고유적 경관은 알마티 시에서 출리(Chu-Ili) 산중과 광활하고 끝없어 보이는 무인 벌판길에서부터 약 1킬로미터쯤 떨어진 나지막한 언덕과 골짜기에 있었다. 이 일대 바위 여기저기에는 기원전 2000년부터 기원후 1000년까지 수천 년의 기간 동안 새겨진 5천여 점이 넘는 암각화가 남아 있어, 세계문화유산으로 등재 보호되고 있다. 약 3천8백 헥타르에 달하는 산야에 산재하고 있는데, 선주민들이 칼과 끌 등으로 긁고 쪼아 만든 갖가지 동물 모양, 제례 모습, 태양과 같은 사람의 모습이 다수 묘사되어 있다. 신석기시대에서 기원후 10세기까지 이 지역에 살았던 유목민들이 남겨 놓은 암각화군이다.

40도에 달하는 오후의 무더위를 무릅쓰고, 현지 관리인겸 안내원의 안내를 받아 암각화 답사에 나섰다. 나지막한 언덕과 작은 계곡 비탈에 갈색의 결이 나 있는 갈

> 탐갈리 암각화 유적군.

사람과 지형이 그려진 탐갈리 암각화.

라진 바위 조각이 여기저기 널려 있다. 안내원의 안내에 따라 바위 조각을 살펴보니 표면에 크기 20-30센티미터 길이의 동물 그림이 에칭해 놓은 듯이 새겨져 있다. 서향의 언덕 표면에 순광의 오후 햇빛이 강렬하여 사진을 찍기는 쉽지 않았다.

이 유적군이 발견된 것은 1958년 소련의 학자 막시모바에 의해서였는데, 보도된 암각의 내용은 사람과 동물, 수레 등과 '태양인'이라고 명명한 태양광선 모양의 머리를 한 사람이 발견되어 탐갈리 암각화를 상징하는 이미지가 되었다. 무슨 의도로 이 조각물들을 만들었는지에 대해서는 해석이 구구하다.

가이드의 말을 빌리면, 1958년 발견 당시 현장을 찍은 사진에는 훨씬 더 많은 암각화를 볼 수 있었는데 보이지 않아 도난을 당했을 가능성도 있고, 중앙아시아 지역에 자주 일어나는 지진이 바위를 갈라놓고 흐트러지게 만들었을지도 모른다고 한다. 그러나 우리 일행 중 암각화 전문 교수 한 분은 도굴 가능성은 매우 낮다는 견해를 내놓았다. 지역 주민들은 이런 유적에 전혀 관심이 없고 연구자들이나 흥미를 보일 사안인데다, 소련 연방 시절이어서 서방인들의 왕래가 쉽지 않았을 것이기 때문이라는 것이다.

시대적으로 기원전 15세기부터 기원후 10세기까지의 2천5백 년 동안 새겨진 암각화들은 이 지역에 차례로 들어와 정착한 유목민족의 축산, 사회조직, 제례 등에 대해 많은 것을 알게 해준다. 바위 표면에 암각된 조각은 사카족, 우순족들로부터

〈 유목민의 삶과 함께해 온 가축들.

시작하여 6-12세기 사이에 스텝 지역에서 막강한 힘을 가졌던 투르크족의 권세, 군사, 목축문화까지 표현하고 있다. 13세기 이후 중가리아(Zungaria)족, 카자흐족, 몽골족이 이 지역을 점령한 시기부터 암각화 조각은 대폭 줄어든 것으로 나타난다. 그러다가 19-20세기 사이 카자흐족의 예술적 창작성이 다시금 활발하게 나타난다. 암각화군은 이 지역의 역사를 고스란히 적어 놓은 것 같다.

양떼를 모는 카자흐스탄 유목민.

스텝 지방의 흥망성쇠의 주역들

기원전 2000년경 카스피 해 남쪽에 세워진 히타이트왕국은 아나톨리아와 바빌론까지 지배하였다가 멸망하였는데, 철기문화를 처음으로 개발하였다(앙카라 북방 2백 킬로미터 지점의 하투샤(Hattusha)엔 히타이트의 도성 유적이 세계문화유산으로 등재되어 있다). 기원전 3세기 마케도니아 알렉산더 대왕의 아시아 원정은 비록 짧은 기간이었지만 중앙아시아와 인도까지 도달하면서 그리스(Hellas) 문화가 동양으로 전파되었으며, 이에 따라 적지 않은 수의 그리스인이 아시아로 이주하게 되었다.

기원전 6세기부터 3세기경 남부 러시아의 초원지대에서 활약한 스키타이족은 아리안계 민족으로, 말을 길들여 기마(騎馬)기술을 개발하였으며 양·염소·소 등을 몰고 다니는 유목생활을 영위하였다. 그리고 기마술을 침략 전투에 활용하기 시작한다. 이 기술은 그들이 직접 몰고 와서 전수되었는지는 몰라도 얼마 안 되어 동아시아로 번져 나갔다.

기원전 3세기 후반부터 몽골고원 동서에는 동호(東胡)·흉노(匈奴)·월지(月氏)라는 3대 세력이 정립해 있었다. 그중 흉노가 흥륭하면서 한족(漢族) 정주지를 침략하고, 동쪽의 동호를 쳐서 멸망시켰다. 월지는 흉노에 밀려 카자흐스탄과 우즈베키스탄 지역으로 패주하여 왔다. 한무제(漢武帝)가 파견한 장건(張騫)의 서역행은 유명한 사실인데(『세계의 역사마을·2』, p. 78), 그를 파견한 이유는 월지와 손을 잡고 흉노를 공격하려는 것이었다. 오늘날의 카자흐스탄은 기원전에는 월지국이, 2세기경에는 한에게 패주한 흉노족이, 그리고 6-8세기에는 돌궐족이 말 타고 질주하던 스텝 지역이다.

4세기경 흉노족의 후예로 보이는 훈족이 발칸 지역에 출현하여 게르만족의 대이동을 촉발시켰다. 이후부터 중앙아시아 투르크족은 중국 한족에게 밀리고, 아리안족, 몽골계 민족이 교대로 각축을 벌이는 판세가 10세기까지 지속되었다. 투르크족은 점점 서쪽으로 이주하여 갔다.

　그러니까 중국 신장으로부터 중앙아시아 다섯 나라 그리고 터키까지의 넓은 지역은 흉노·선비·돌궐 등 몽골족과 투르크족의 삶터를 이루는 한편, 아리안족의 한 분류인 페르시아와 소그디아나족이 혼재하는 동서문화의 혼합 지역이었다. 그리하여 20세기 초까지만 해도 이 지역을 동서 투르키스탄으로 불렀다. 카자흐족은 투르크 계통의 민족으로 카자흐스탄에는 스키타이와 흉노의 황금유물 문화유적이 있어 흉노의 후예일지도 모른다는 가정은 상당한 근거가 있다고 믿는 학자들이 많다. 이들의 금세공은 멀리 신라에도 영향을 미친 것으로 보인다. 훈족과 투르크족의 서진은 오늘날의 세계 역사를 형성하는 데 커다란 영향을 끼쳤다. 즉, 동유럽과 카스피 해 근처에서 발원한 히타이트 문화와 그 뒤를 이은 스키타이 문화가 동으로 향한 반면, 유목민족은 시대를 달리하면서 서진하였다.

　둘째 날, 우리 일행은 스키타이의 동진(東進)의 증거를 옛 무덤인 '쿠르간(kurgan)'이 밀집해 있는 이시크(Issyk)에서 찾아볼 수 있었다. 알마티에서 한 시간 남짓 달려 이시크에 도착하였다. '황금인간'을 발굴한 지구에 지은 국립고고역사박물관을 찾아가 안내원의 설명을 들었다. 하지만 설명 및 모든 자료가 러시아어로 되어 있어 알아들을 수 없었다. 전시해설 자료도 충분해 보이지 않는다. 제일 궁금한 것은 발굴 당시의 촬영한 사진과 도표이다. 발굴 당시의 모습도 제대로 기록했는지 잘 알

위. 이시크 유물 발굴 현장.
아래. 발굴 현장에서 출토된 말 장식품.

아볼 수 없다. 모조품을 전시해 놓고도 사진을 못 찍게 한다. 좌절이다. 그런데 우리 일행은 부족한 전시자료나마 디지털 카메라로 살짝살짝 찍었다. 디지털 카메라의 효용성이 증명되는 순간이었다.

쿠르간의 주인공인 '황금인간'은 당시 이 지역을 지배했던 사카왕조의 왕자 또는 공주로, 키는 165센티미터 정도로 추정하고 있다. 박물관에서는 쿠르간 내부를 모형으로 제작하여 전시해 놓았다. 쿠르간은 신라 왕의 무덤과 같은 적석목곽분(積石木槨墳)이다. 모형의 규모는 아이들 소꿉장난 같은 크기다. 출토된 목곽을 조그마하게 재현해 놓아 사진을 찍긴 했는데 눈대중으로 보면 그저 포켓 수첩 크기(대략 8×18 센티미터 정도)이다. '황금인간'이란 이름으로 부르게 된 것은 유해가 발견될 당시, 무려 4천여 점이나 되는 황금조각으로 만든 옷을 입고 있었기 때문이다.

사카 왕조는 스키타이족의 한 부류로, 만약 쿠르간의 주인공이 사카 왕자라면, 사카 왕국의 규모는 카스피 해 근처에서 동쪽으로 2천 킬로미터 이상 떨어진 톈산북로에 이르렀다는 이야기가 되는데, 역사서에서 말하는 흉노·월지 등 왕조의 흥망과는 맞지가 않는다.

역사가 헤로도토스는 다음과 같이 '사카'를 소개한다. "사카, 즉 스키타이는 끝이 뾰족한 '큐르바시아'라는 모자를 쓰고 바지를 입고 활과 단검과 '사가리스'라는 전투용 도끼를 휴대했다. 페르시아인들은 스키타이를 '사카이'라고 불렀다(헤로도토스,

이시크에서 발굴된 황금인간.

『역사』 7권 64항, 1968, 新潮社 역본, p. 411).”

사카족의 군대는 기원전 490년 그리스를 원정중이던 페르시아군과 싸운 마라손 전투(오늘날의 올림픽의 기원)에서 패배하는데, 이 원정에는 '뾰족한 모자'를 쓴 '사카이' 군대가 참전한 것으로 언급되어 있다. 그 후 기원전 334년, 알렉산더 대왕의 아시아 원정군은 중앙아시아 원정에서도 사마르칸트(우즈베키스탄) 근처에서 사카 군과 대적한 기록이 있다.

유해와 유물의 발견으로 스키타이, 사카 전사의 모습이 생생하게 되살아났다. 이제까지 발굴된 황금인간은 모양과 재질은 조금씩 다르지만 모두 카자흐스탄의 네 곳에서 출토되었다. 전시실 밖으로 나와 보니, 넓은 들판에 사각형 모양의 쿠르간이 여기 저기 산재해 있다. 쿠르간은 사각형의 피라미드 모양을 하고 있지만 뾰족한 부분이 없다. 높이 6-7미터의 봉분 위는 편평하다. 우리나라의 둥그런 봉분과는 사뭇 다른 분위기이다. 약 70개의 쿠르간이 이시크에 있다 하니 이곳이 바로 철기는 물론 금을 잘 다룬 스키타이 문화의 중심지가 된다.

흑해 연안에서 발원한 스키타이 사람들은 기원전 6-7세기경 그리스인들과 접촉·교역하면서 그리스의 공예와 조형술을 받아들였을 것이라고 추정된다. 그리고 기원전 5-4세기경에는 이곳까지 뻗어 와서 사카 문화를 정착시켰다는 것이다. 그러니 이제까지 투르크 몽골계통이라고 여겨 온 카자흐족은 사실 스키타이라는 아리안족

다양한 혈통이 섞여 있는 카자흐인.

평탄한 목초지가 계속되는 스텝 로드.

의 피도 섞인 것이 아닌가. 민족이란 한 통치체제에 오래 살다보면, 서로 다른 민족이라도 피가 섞여 결국 비슷한 다른 민족으로 바뀌게 된다. 카자흐 사람들을 자세히 보면 광대뼈가 넓은 몽골인 체격에 서양 아리안의 얼굴 모양 등 다양한 혈통이 섞여 있다. 국경이란 배타적인 실체는 근대에 생긴 개념으로, 왕조, 제국과 같은 변화무상한 통치조직의 성쇠에 따라 늘었다, 줄었다, 생겨났다, 없어졌다 등을 반복하면서 그어진 것이리라.

　　동서의 접촉과 교류는 주로 톈산남로인 '오아시스로'를 통해 많이 이루어져 왔지만 이처럼 톈산북로를 통해 황금문화와 기마술이 교류되었다. 우리는 박물관에서 약 2킬로미터 떨어진 곳에 있는 출토지를 찾아갔다. 그런데 유적지가 보존된 흔적이 없다. 출토된 곳은 시가지의 길옆 한구석에 있었는데, 주위는 모두 상업건물과 주차장이 들어서 있다. 이곳에 황금인간 모형상을 세워 출토지임을 표시만 해 놓고 있었다. 귀중한 유물의 출토지가 너무도 보존이 안 되어 있었다. 문화국가라면 이런 귀중한 역사의 현장을 이렇게 방치할 수는 없는 노릇이다. 문득 우리나라 경주에 있는 천마총이 떠올랐다.

긴 모자를 쓰고 늠름하게 서 있는 황금인간은 현대 카자흐스탄의 심벌이 되었다. 황금인간이 쓰고 있는 '깔빡'이라는 긴 모자는 지금도 카자흐스탄 사람들이 명절이나 행사 때 즐겨 쓰는 것이다. 뿔과 날개를 단 두 마리의 말은 권력을 상징하는 것으로, 지금의 카자흐스탄 국장 도안에는 이 두 마리의 말이 새겨져 있다. 대통령의 심벌도 깔빡과 말을 사용한 휘장을 사용한다. 카자흐스탄에서는 오른손에 독수리를, 왼손에는 활을 들고 늠름하게 서 있는 황금인간이라고 불리는 무사상을 도처에서 볼 수 있었다.

우리는 이시크 쿠르간을 떠나 초원의 루트를 거슬러 중국 쪽으로 150킬로미터가량 떨어진 '차린 국립공원'으로 향했다. 밖은 어제에 이어 계속 40도 이상을 기록하고 있었는데, 응달에 들어가면 습기가 없기 때문에 부채나 선풍기만 있으면 견딜 만하다. 중국과 국경이 가까운 바이세이트(Bayseit)라는 작은 읍에서 시원한 맥주 한 잔에 현지식인 양고기 샤슬릭(Shahslyk, 카자흐스탄 꼬치구이)과 난으로 점심을 먹었다. 그리고 중국 신장 위구르 자치주로 이어지는 중가리아 분지의 끝을 향해 5백 킬로미터에 달하는 스텝 로드를 달렸다. 어디로인가 신장의 톈산에서 발원하는 일리

강의 물이 이곳을 지날 것이라고 상상하면서. 지형은 평탄하게 목초지가 지속되는가 싶다가 한참 더 가니 거의 사막과 같은 황량한 벌판이 연속적으로 이어졌다. 잘 뚫린 현대식 아스팔트 도로(사실 포장 상태는 좋지 않았지만)를 몇 시간 만에 주파하면서, 하서(河西)회랑 장예(張掖)에서 자위관(嘉峪關)까지 3백 킬로미터를 달린 2007년의 여행을 떠올렸다. 그러나 사뭇 다른 느낌이다. 화창한 겨울 날씨와 무더운 여름 날씨의 차이 때문일까? 그 옛날 이런 곳을 고선지의 당군이나 좀더 가깝게는 몽골의 대군들이 어떻게 이동하였을지 의문이 생긴다.

서쪽으로 가는 국도는 도로에 흰색 안내선을 칠해 놓아 잘 정비되어 있었는데, 동으로 향하는 길의 도로 폭은 족히 4차선은 될 만큼 넓었지만 중앙분리선 표지가 없어 자동차들은 알아서 추월한다. 도로 옆에는 나무를 두 줄로 심어 그늘진 사이를 농로로 이용도록 해놓은 것이 인상적이었다. 한참 달리다 차를 세우고 길가에서 포도와 수박을 사서 그늘로 들어가 먹었다. 길가에는 가로수가 약 5미터 간격으로 두 줄로 심어져 있고 그 사이로 농부가 나귀 마차를 타고 지나간다. 길가에 심은 나무는 가로수치고는 키가 크고 촘촘하다. 방풍림인지도 모른다. 어쨌든 우리에게는 소중한 그늘을 제공해 준 고마운 가로수였다.

2시간을 더 달려 알마티에서 2백 킬로미터 떨어진 '차린 국립공원'에 도달하였다. 해발 1천3백 미터인데도 기온은 40도가 넘는다. 입구에서 입장료를 지불하고 좀더

카자흐스탄 역사 연표

BC 3세기	알렉산더 대왕의 정복, 그리스인 내주(來住)
BC 160년	흉노에 밀린 대월시의 건국. 한무제 장건(張騫)을 서역에 파견
	파르티아, 사산 왕국 차례로 흥기 멸망
AD 6세기	투르크계 유목민족 등장하여 동서 돌궐로 분열
AD 630년	당(唐)에 의하여 동돌궐, 서돌궐이 차례로 멸망
AD 8세기 초	이슬람이 세력 확대 침입하여 651년 페르시아 사산조 멸망
AD 751년	당군 탈라스 강변에서 압바스 이슬람군과 싸워 대패함
AD 1141년	셀주크 터키, 가라키타이(西遼—契丹族)와 사마르칸트에서 대패
AD 13세기 초	칭기즈 칸 몽골군 중앙아시아 침공, 점령
AD 1336년	티물 왕국 건국 1405년 중앙아시아 강국이 됨

들어가니 작은 그랜드캐니언이 나타난다. 비가 오면 건수가 흙을 파 가서 약 백 미터 가량의 계곡을 만들어 놓는데 모양은 마치 미국 유타 주의 브라이스캐니언과 비슷한 느낌을 준다. 이 계곡의 물은 여기서 약 3킬로미터 떨어진 곳에서 중국으로부터 흘러오는 일리 강과 합류한다.

마침 노란 옷차림의 바이크 여행자를 만났다. 어디서 왔느냐고 물었더니 영국에서 왔단다. 그는 지인이 있는 비슈케크(키르기스스탄의 수도)에서 이틀 걸려 왔다고 하였다. 여기서 중국 국경까지는 약 50킬로미터쯤 되는 듯싶다. 우리는 스텝 로드 위의 한 점에 서 있는 것이다.

동양제국과 이슬람의 충돌, 탈라스 전투

그런데 앞서 떠올린 고선지 장군의 당군은, 중가르 분지와 일리 강 초원지대로 원정하지 않고, 어려운 톈산남로로 끝까지 가서 파미르 고원을 넘어 탈라스로 진군하였다고 한다.

카자흐스탄 도로변의 마차와 마부.

아시아를 석권한 당(618–907년)은 북쪽의 돌궐도 패망시켰고, 서쪽으로 뻗어 톈산남로에 안서도호부(安西都護府)를 설치하고 중앙아시아 여러 나라를 복속시켰다. 그리고는 8세기 중반, 세계사에 있어 처음 동서문명의 충돌지였던 탈라스에서 아시아의 대제국 고선지 장군의 당군과 서역의 패권을 쥔 압바스 군대가 패권을 걸고 대접전을 벌였다. 이 전투에서 당군은 패배하였는데, 탈라스 전투는 동서문명의 접촉 (connection)이라는 결과를 낳았다.

탈라스 전투 후 당은 '안사의 난'으로 쇠퇴하게 되고, 속도는 느렸지만 중앙아시아로부터 이슬람 문화를 가져오게 된다. 이 접촉에 문화사적 의의를 두는 것은 이때 포로 중에 종이제조 기술자가 있어 이슬람 세계에 처음으로 종이제조기법이 전수되었다고 이슬람 측의 사료가 기술하고 있기 때문이다(10세기 이슬람 저술가 사리비 저술). 당시까지 양피지에 의존하던 기록물이 종이의 도입으로 어떻게 문화가 전개되었는가를 보면 이 접촉의 의의를 이해할 수 있을 것이다. 또 실크로드가 동서 교역과 접촉을 통해 문명을 주고받은 통로였다는 사실을 증거하고 있음을 알 수 있다.

육로 실크로드에서도 잠깐 언급했지만(『세계의 역사마을·2』, pp. 118–121), 이번에는 실제로 그 전투가 치열하게 전개되었던 탈라스라는 도시가 있는 카자흐스탄에 모처럼 오게 되었으니 고선지 장군의 서역 원정을 좀더 살펴볼 수 있는 좋은 기회가 되지 아니할까 하고 기대했다. 그런데 탈라스는 알마티에서 5백 킬로미터나 떨어져 있고 기차로 10시간 정도 걸린다. 실제로 전투가 있었던 전적지는 이곳에서 동남쪽으로 수십 킬로미터 떨어진 강가로서 키르기스스탄 영토 안에 있어 입국하려면 비자를 받아야 하고, 현장에 직접 가 보려면 지금은 아무것도 없어, 역사학자의 안내를 받아야 한다기에 포기하고 말았다.

텐산 산맥이 보이는 초원 길.

구소련의 일원인 중앙아시아 사회주의 국가는 아직도 출입국에 대한 규제가 대단히 심하다. 일단 입국하려면 비자를 받아야 하고 비자를 받으려면 초청장이 있어야 한다. 실제로 입국하는 경우 공항이나 국경에서도 번거롭고 까다로운 출입국 수속을 거쳐야 한다. 현장에 한번 가 보기가 쉽지 않다.

돌아오는 길은 좀더 수월하였지만 밤이 어두워서야 알마티로 돌아왔다. 자동차로 지난 3일 동안 더운 초원과 준사막을 이동하면서, 도로에서 경찰의 잦은 정지심문을 받았다. 자동차들이 경찰이 없는 곳에서 과속을 하는 것도 문제지만, 하여 간 가장 눈에 띄는 것이 경찰이다. 우리가 타고 다닌 차도 경찰에게 정지당하면, 운전사는 면허증과 무슨 봉투 비슷한 것을 가지고 뒤에서 오라고 하는 경찰에게 갔다 오곤 하였다. 참으로 짜증나는 일이다. 그러나 이런 풍경은 10여 년 전 러시아에서도 있었던 일로서 사회주의 국가에서는 다반사인 것 같다. 다만 경제가 발전하고 있는 중국에서는 아직 경찰에게 차를 정지 당해 본 일이 없으니, 이런 관폐는 나라의 발전 정도를 나타내는 일인지도 모르겠다. 안내하고 다니는 박 선생이 이 나라에서는 경찰이 최고라고 하였다.

카프차가이 인공호수.

내가 읽은 괴짜 프랑스인 여행가 버나드 올리비에가 생각났다. 올리비에는 2000년 이스탄불에서 중국 시안까지 이르는, 장장 1만 2천 킬로미터의 실크로드를 도보로 3년에 걸쳐 주파했는데, 놀라운 것은 자전거를 개조한 수레를 끌고 다녔다는 점이다. 『세계의 역사마을·2』에서 잠깐 언급하기도 했지만, 19세기에 역경을 무릅쓰고 미지의 세계를 탐험한 사람들이 있어 중앙아시아의 실태가 세상에 알려졌다. 그러나 올리비에는 언론인으로서 은퇴하고 무엇을 할까 궁리하다가 기발하게도 걸어서 여행을 했다. 그는 그의 체험을 바탕으로 쓴 책을 차례로 3권이나 출판하였고 우리나라 말로 번역되기도 했다(베르나르 올리비에, 『나는 걷는다·1·2·3』, 2003, 서울: 효형출판사). 이 책은 중앙아시아 우즈베키스탄에서 중국에까지 이르는 그의 기행 체험기이다. '월리'라고 부른 손수레를 끌고 고산준령을 넘고, 사막의 어려운 역경을 넘어 중앙아시아에 도달한 그는 체험기에서 다음과 같이 말한다. "우즈베키스탄 경찰은 달러에 혈안이 되어 있고, 페르가나 계곡의 경찰은 도둑"이라고 적고 있다. 그들은 여행객에게 돈을 쥐어짜려고 하고 있다는 것이다.

일리 강가의 암각불화

셋째 날, 우리는 알마티에서 약 50킬로미터 떨어진 카프차가이(Kapchagai) 저수지 근처 일리 강가에 있는 또 하나의 암각화를 찾아 나섰다. 카프차가이 호수는 중국 신장성에서 발원하는 일리 강을 막아 대형의 인공호수를 만든 것인데, 서울시 면적의 거의 세 배에 가까운 수면을 가진 방대한 호수이다. 어제 우리가 가 본 차린 협곡 같은 곳을 막아 수력 발전과 관개, 그리고 알마티 시민의 휴식지로 제공된다. 호숫가 근처 식당에서 양꼬치구이와 난으로 점심을 먹고 일리 강 하류의 강변에 위치한 암각불화를 찾아 나섰다.

초원의 길인 스텝 로드는 타림 분지의 사막과는 다를 것이라고 생각했는데, 오늘 일리 강 강변에 전개되는 광활한 평야지대가 실제로 사막인 것에 놀랐다. 알마티는 톈산 밑이고,

카자흐스탄 초원 지대의 젖줄인 일리 강변.

일리 강 불교 유적군과
바위에 각화된 그림들.

톈산에서 흘러내리는 물을 받아 나무가 울창한 편인데, 이곳에서 조금만 더 평야로
나가면 풀도 거의 못 자라는 사막이었다. 오늘 보니 계곡처럼 낮은 물가를 제외하고
는 사막과 다를 것이 없다. 카프차가이 인공호에서 쓰고 남는 물을 왜 이용하지 않
을까 하는 의문이 생겼다. 카자흐스탄 지도를 보니 이곳의 물들은 이곳에서부터 4–5
백 킬로미터는 족히 될 지점에 있는 거대한 발하슈 호수에서 강으로서의 일생을 마
친다. 발하슈 호의 서쪽 지방은 광활한 무인지대가 전개되는 사라다리야 건조지대
가 전개되고, 남쪽 키르기스스탄과 국경을 접한 톈산 산록 초원지대, 그리고 북쪽의
수도 아스타나를 중심으로 동서로 뻗는 초원지대가 있다. 소련은 카자흐스탄에서
핵실험도 하고 유인 인공위성을 착륙시키기도 하였는데, 사르다리야 지방이 아닐까

〉 일리 강 불교 암각화.

하고 생각해 보았다.

　호수에서 서북쪽 하류로 약 30킬로미터쯤 가자 다시 흙길로 접어들었다. 강은 어디에도 보이지 않는다. 옛날 마찻길과 같은 포장 안 된 흙길을 바퀴자국만 따라 10여 킬로미터를 가니, 언덕 밑으로 일리 강이 전개된다. 그러니까 우리가 지금까지 달린 길은 사막의 풀만 듬성듬성 바닥에 포복하듯 퍼진 대지(臺地)였다. 길을 닦거나 정비한 흔적이 없는, 자동차가 같은 궤적을 밟으며 자연스럽게 생긴 길이었다. 먼지가 풀풀 날리는 길을 따라 강가로 내려가니 다소 굳은 땅이 나타난다.

　강가를 따라 2킬로미터 정도 상류로 가니 강가에 바위가 박힌 절벽이 나타났다. 암각 불화가 있다는 내용의 안내표지판과 문이 세워져 있다. 문을 지나 '경내'로 들어갔으나 경비도 없고 관리인도 보이지 않는다. 절벽은 군대가 야전훈련장으로 사용하는 곳이라고 우리를 안내해 준 박 선생이 설명한다. 강가에 천막이 하나 보이는데, 젊은 남녀 한 쌍이 외로이 텐트를 치고 무더위를 식히고 있었다. 자연 상태로 여기저기 조각난 바위들이 햇빛을 받아 달구어져 있는 표면에 부처의 그림이 보였다. 뾰족한 끌로 각화해 놓은 그림들이었다.

　우리 일행 중 한 분인 중앙아시아 암각화를 전공한 이하우 교수는 암각된 서체도 보인다고 하였는데, 서하 탕구트 서체 같다고 했다. 그는 이곳 불화에 대한 연구는 아직 체계적으로 되어 있지 않아서 시대를 규명하는 것이 우선이라고 한다. 한 가지

알마티 시를 가로지르는 톈산의 설수.

틀림없는 사실은 이슬람교와 러시아정교가 주 종교인 이 땅에 한때 불교를 믿는 공동체가 살았다는 흔치 않은 증거임은 분명하다. 보존을 위한 어떤 조치도 찾아볼 수 없는데, 누군가가 암각 불화 위에 오색 비닐종이를 장식해 놓아 신앙의 대상임을 표해 놓았다.

4일 동안의 방문 일정을 종합할 때가 되었다. 톈산은 동서로 2천5백 킬로미터, 남북 종심(縱深)은 약 3백 킬로미터나 되는 대산맥 지대인데, 산맥을 경계로 하여 남과 북은 자연환경이 극단적으로 다르다. 남쪽에는 건조지대에 오아시스마다 정주하는 공동체가, 북쪽에는 중가리아 분지와 일리 강이, 그리고 톈산북로의 여러 계곡으로 흘러내리는 물이 초원지대를 만들고 있다. 이 초원지대를 통해 유목민족이 이동하면서 목축하는 기마민족의 세계가 만들어진 것이다.

오늘날의 카자흐스탄은 칭기즈 칸 사후 킵차크 칸(汗)국과 차가타이 칸국이 차지하던 곳이었는데, 15세기 몽골의 세력이 약해지자 우즈베크 민족과 공동으로 남하하여 카자흐 한국(汗國)을 세웠다. 카자흐족과 우즈베크족은 투르크계 민족으로 분류되는데, 러시아에서는 '코자크'로 알려진 용맹한 민족이다. 티무르제국이 멸망하면서, 이 지역에는 뚜렷한 패권을 쥔 세력이 없어지고, 대상의 안전이 보장되기가 힘들어 실크로드의 교통은, 때마침 시작된 대항해 시대의 바닷길에 영예를 넘겨주게 된다. 중앙아시아는 18세기부터 동으로 진출하기 시작한 제정 러시아와 동으

텐산이 보이는 메데우 계곡의 케이블카 겔렌데.

로 진출한 청(淸)에게 할거당한다. 카자흐스탄의 경우 중가리아가 침공해 오자 러시아제국의 보호를 요청하면서 사실상 러시아 지배가 시작되었다. 러시아혁명 후에는 소비에트연방의 한 사회주의공화국이자 러시아의 변방으로 전락한다. 그러나 소련으로부터 독립 이후 나자르바예프 대통령의 영도 하에 차분한 개방과 경제발전을 이룩하여 지금은 중앙아시아 5개국 중에 국민소득이 가장 높은 나라가 되었다.

알마티는 텐산 산맥의 지맥 알라타우 산맥 산기슭에 자리한 아름다운 도시다. 인구는 약 140만 명으로, 알마티가 얼마나 좋은 자리에 위치한 도시인지는 광야에 나가 보면 안다. 텐산 산맥의 한 줄기인 알라타우 산맥의 산밑 완만한 언덕에 자리 잡아 경치가 수려하고 저지대 평야보다 덜 덥고 지내기 편하다. 알마티에서는 사철 눈 덮인 텐산의 모습을 보고 살며, 높은 산맥에서 쌓였던 눈이 녹아 내려 천산의 물로 많은 인구가 먹고 살며 농사도 짓는다. 그 옛날부터 텐산북로의 오아시스 도시로 발전하여 소련 지배 시절에는 카자흐스탄의 수도였다가 1997년 아스타나로 수도가 옮아간 후 경제·문화의 수도로 자리매김하고 있다.

북쪽으로 뻗은 산기슭에 자리한 만큼, 시내 북쪽 초입에서 텐산 쪽으로 완만한 경사가 계속되는데 표고 차이가 대단하다. 그리고 산기슭으로 올라갈수록 집은 고급스럽고 새로 개발된 아파트와 주택이 숲속에 자리하고 있다. 북쪽 루프 순환도로에서 보는 알마티 시는 매우 시원스럽고 아름답다. 맑은 날 새로 들어선 고급주택과

〈 강풍에 쓰러진 나무들과 그 위를 지나가는 케이블카.

텐산의 눈 덮인 흰 연봉을 배경 삼아 사진을 찍으려던 나의 의도는 체류하는 내내 짙은 운무로 설봉을 볼 수가 없어 실현되질 못했다.

시내에서 텐산 골짜기로 20킬로미터 들어가면 별천지가 나타난다. "어어, 여기 마치 스위스 같네?" 뜻밖의 광경에 심불라크 스키장의 케이블카를 타고 산에 오르면서 혼자 입속에서 되뇐 말이다. 텐산의 지맥인 알라타우 산맥의 메데우 계곡으로 들어서면 고도가 점점 높아지면서 쾌적한 리조트와 스키 겔렌데가 나타난다. 해발 1천 3백 미터에서 3천 미터까지 케이블을 세 번 갈아타고 만년설이 연중 녹지 않는 서늘한 심불라크 스키장 제일 높은 곳으로 올라갈 수 있다. 요금은 3만 원 정도 들었지만 한번 가 볼 만한 필수 코스다.

알마티의 재래시장.

우리는 오전 내내 시내 여기저기를 구경하고 다니다가 메데우에 오후에 도착해서는 제3스테이션의 마지막 케이블카 출발 시간이 4시 30분이라는 것을 전해 듣고 끝까지 올라갈 수 있을까 서둘렀는데 다행히 종착역까지 갈 수 있었다. 실크로드에 이런 스키 겔렌데를 볼 수 있다니 신기하다. 내려오다가 우리는 수박을 두 통 사서 계곡에서 발을 담그고 먹으며 더위를 식혔다.

떠나는 날은 다시 시내를 구경하였다. 구시내에 있는 중앙공원, 아름드리 나무가 우거진 공원에는 소련 시절 제2차 세계대전 때 모스크바 방위에 목숨을 바친 28명 용사의 추모비와 추모 조형물이 조성되어 있고, 주위에는 결혼기념 사진을 찍으려

는 신혼부부의 모습도 보였다. 조형물 앞에는 1911년 대지진 때도 끄떡하지 않았다는 러시아정교회 교회가 위용을 과시한다.

중앙시장을 찾아갔다. 여기서는 중앙 바자라고 부른다고 한다. 바자 주변에도 시장은 서 있지만 중앙 바자 건물은 한 변이 백 미터쯤 되어 보이는 체육관과 같은 건물 안에 모든 종류의 상품을 살 수 있게 하여 알마티에서 가장 활기 있는 곳이다. 그런데 시장 안은 청결하고 정연하며, 시장의 떠들썩한 소리는 없고 오히려 조용하다. 장사꾼들의 호객이 전혀 없다. 2층에 올라가 내려다본 시장은 야채, 육류, 과일 등으로

위, 재래시장의 과일가게.
아래, 시장에서 만난 고려인 할머니.

나누어 정연하게 정리되어 있다. 우리나라의 시장 분위기와 같은 떠들썩함, 어지러움이 전혀 없다. 그런데 시장 상인은 카메라를 반기지만 경비원은 사진을 못 찍게 한다. 하지만 몰래 몇 장 찍었다.

안내하던 박 선생은 우리를 고려인들이 장사하는 곳으로 안내하여 84세가 된 고려인 할머니의 반찬가게 앞으로 안내하였다. 한국에서 온 사람들이라고 소개하니, 서투른 함경도 억양으로 반가워하면서 자기가 만든 반찬을 먹어 보라고 열심히 봉지에다 몇 가지 싸 준다. 시골 할머니의 정겨움을 느끼게 하는 순간이었다. 1937년 스

탈린이 연해주에 있던 조선 동포들을 하루아침에 중앙아시아로 강제 이주시켜 지금은 카자흐스탄에도 고려인의 후손이 10만 명쯤 산다고 한다.

유네스코 세계유산위원회는 얼마 전 어떤 지점인 '점'을 이어 '선'을 그어 주는 선형(Linear)의 문화루트(Cultural Route) 개념을 정립하여 문화유산으로 등재하기 시작하였다. 이런 개념에 해당하는 세계유산이 바로 프랑스와 스페인 국경 피레네 산지에서 출발하는 '산티아고 데 콤포스텔라 순례자의 길(Pilgrimage Route to Santiago de Compostela)'로, 문화루트로서 세계유산으로 등재하였다. 실크로드 또한 이러한 개념에 들어맞는다. 지금 가장 활발하게 연구 작업이 진행되고 있는 것은 중국과 중앙아시아 5개국이 추진하고 있는 지중해에서 중국 시안으로 이어지는 실크로드의 세계유산 등재 작업이다. 이는 내륙의 나라와 중국이 새로운 실크로드를 통해 자원 확보와 경제발전을 동시에 추진하려는 국가정책이 함축된 국제적 국책사업의 성격을 띠었다고 할 것이다.

이번 여행은 말이 잘 통하지 않는 러시아권이었는데, 한우리 게스트 하우스에서 우리 입맛에 맞는 음식을 먹으면서 주인장 박 선생의 안내를 받아 별 불편 없이 여행을 마칠 수 있었다. 다음은 중국으로 넘어가서 신 실크로드를 잠깐 짚어 보고, 화남 해안지대로부터 시작한 경제발전, 그리고 중국과 동남아시아의 세계를 살펴볼까 한다.

실크로드의 종말과 새 실크로드

실크로드 유적은 육로로 중국 국경을 넘어 지중해에 이르는 중앙아시아와 서남아시아, 중동에 이르기까지 광범위하게 널려 있었다. 옛날부터 여러 민족의 교역로로서 존재하여 왔던 실크로드는 자연적 여건이 무척 열악하다. 대략 북위 15도의 아프리카 서단에서부터 북상하여 중동과 중앙아시아, 동아시아, 만주까지 남북 폭이 5백 킬로미터 이상 되는 광활한 건조 벨트가 존재한다. 인류는 이런 불모지대에 간간히 박힌 오아시스 주변에 삶을 꾸리고, 이들 지역을 잇는 교역로를 개척하여 물자를 교환하면서 자연환경을 극복하고 문명을 일구어 왔다.

교역이란 남이 나보다 우월한 것이 있다면 자극을 받고 이를 배우며 자기 삶에 적용하는 자극의 현상이다. 접촉은 평화적인 교역, 조공무역, 무력에 의한 약탈, 강자의 정복, 기술과 문화의 전파 등 다양한 형태로 이루어지나 접촉 없이 고립되면 자극이 없어 정체하기 마련이다. 약 4만 년 전, 주류에서 떨어져 이주하여 남반부 오스트레일리아 방면으로 간 토착민은 외부의 자극 없이 18세기까지 원시적인 삶의 방식을 답습해 오다가 유럽인들의 총포에 완전히 제압당했다. 수만 년 전 빙하기에 동아시아 북쪽과 베링 해를 건너간 인디언들은 더러 찬란한 문명을 일구었지만, 지금은 사라져 자취를 찾을 수 없게 되었다. 콜럼버스에 의한 유럽인들의 발견이 있기까지 아메리칸 인디언들은 새로운 문명의 자극이 없었고, 강력한 광역 집권세력도 없었다. 원주민은 새로운 무기로 침입해 오는 백인을 대항하기 어려웠고, 백인들을 통해 신대륙에는 없던 천연두균이 들어와 면역력이 없던 원주민의 90퍼센트가 사라져 버렸다. 하지만 유라시아는 땅으로 이어져 있었기 때문에 달랐다. 끊임없이 동서의 접촉과 교역이 일어났던 것이다. 동서의 교역로는 다음의 세 가지 루트를 통하여 이루어졌다.

첫 번째는 북방 유라시아의 스텝 지대를 북위 50도 부근에서 동서로 횡단하는 '초원로'로, 이 교역로는 주로 유목민족이 이용한 길이다.

두 번째는 '사막로' 또는 '오아시스로'로, 대략 북위 40도를 가로 질러 중앙아시아를 횡단하는 사막 관통로이지만 점점이 있는 오아시스를 잇는 길이다. 다만 이 길은 파미르 고원이란 높은 산악지대를 넘어야 하는 아주 험난한 길이다. 우리가 실크로드라고 하는 길은 대부분 이 길을 지칭한다.

마지막으로 세 번째 바닷길(海路)을 이용한 교역로이다. 수에즈 운하가 열리기 전까지 지중해에서 육로로, 홍해 또는 페르시아만에서 인도양으로 나온 다음 동남아시아를 거쳐 남부 중국으로 이어졌다.

이중에도 육로의 실크로드 지역은 바닷길이 근세에서 현대까지의 교역을 전담하면서 쇠퇴하여 낙후되었다. 중국의 서북부(신장)와 서남부(티베트)가 그러하고 공산주의 멸망 시까지 구소련의 한 부분이었던 중앙아시아 투르크-카자크족 국가가 그러하다. 이들 민족은 중국 북방에서 유목생활을 하던 흉노·선비·돌궐족과 대치하고 이들을 흡수하여 생긴 새로운 개념의 민족이다. 최근 들어 중국은 경제발전으로부터 얻은 기술과 부를 이곳에 투자하기 시작했다. 중국령 안의 실크로드 지역은 눈부시게 달라지고 있다. 신실크로드 외교정책은 실크로드의 역사적 가치를 극대화하고 문화외교의 자산으로 삼기 위해 투르크 민족국가인 키르기스스탄, 카자흐스탄, 타지키스탄, 우즈베키스탄, 투르크메니스탄 등과 협력하고, 유네스코 문화유산위원회의 도움을 받아, 역사적인 교역로를 유네스코의 문화유산로(Cultural Heritage Route)로 등재하려고 면밀하게 사업을 추진중에 있다. 역사적으로 항상 북방민족을 제압하려던 한족 중국이 패권을 다시 행사하려는 것은 아닐까.

현대 중국인들은 얼마 전까지만 해도 실크로드에 대한 인식이 그리 깊지 않았던 것으로 알려졌다. '실크로드'를 최초로 명명한 사람은 독일인 학자였지만, 오히려 실크로드의 존재를 세계적인 문화 아이콘으로 만든 것은 일본인들이다. 일본인들은 중국의 서역 자체를 '실크로드'라고 불렀다. 일본의 저명한 수필평론가 시바 료타료(司馬遼太郎)는 絹の道가 아닌 'シルクロード'라는 영어식 표현이 일본어로서 국어사전에 실릴 정도가 된 것은 동서문명의 교섭사를 시적으로 느끼려는 낭만주의적 표현 감각의 표출이라고 하였다. '실크로드'란 단어는 영국이나 미국의 사전에는 실리지 않은 단어이고 중국에서 실크로드를 '絲綢之路'라는 단어로 표현한 것도 NHK

〉일출 무렵의 시푸 해안.

가 1970년대 말 중국이 개방되기 전에 외부 세계 매체로서는 처음으로 장장 30여 편의 장편 다큐멘터리를 제작 방송하여 일본은 물론 서양 세계에 실크로드의 존재를 깊이 부각시켰을 때 만들어진 신조어이다.

뉴스위크지 한국판(2010. 5. 26)은 중국이 유라시아 대륙의 동과 서를 잇는 '초고속' 실크로드를 뚫는다는 특집기사를 게재하였다. 새로운 중국 제국은 영토의 확장이 아닌 수송망으로 러시아나 미국과 같은 라이벌 국가도 해내지 못하는 초고속 철도망을 건설하여 유럽 대륙과 동남아를 잇고 중앙아시아의 석유 자원을 잇는 초대형 파이프라인망을 구축한다는 것이다. 우리나라에도 러시아의 천연가스 송유관을 중국 산둥반도에서 우리나라 서해 5도로 잇자는 비공식 제안도 나와 있다. 이를 위해 중국은 서북방의 러시아를 비롯하여 투르크 민족국가인 키르기스스탄, 카자흐스탄, 타지키스탄, 우즈베키스탄, 투르크메니스탄 등과 정치·군사·경제적 관계를 강화하고 있다. 중국은 하루가 다르게 국가 인프라를 확장하고 있다. 2007년 달려 본 하서회랑 자동차 고속도로는 아무것도 아니다. 몇 년 사이에 중국의 고속도로망은 급속도로 연장돼 2010년 말 7만 4천 킬로미터로 뻗어났고(한국의 고속국도망은 연장 4천 킬로미터), 2012년에는 광저우에서 베이징까지 시속 350킬로미터급의 고속철도가 개통되었다. 중국이 신실크로드 외교정책을 세운 배경에는 제2의 경제대국이 된 경제 발전의 여세를 몰아 한대(漢代)에 시작했던 '서역'을 다시 '경영'하려는 것은 아닌지 두고 볼 일이다.

　중국이 이와 같은 국가목표를 세운 것은 그리 오래된 것은 아니다. 결론적으로 말하면 '실크로드'에 관해 현대적 가치의 재발견에 늦은 중국이 이제 세계에서 두 번째 경제대국이 되자 새롭게 문화루트를 경제적 안목으로 재해석하려는 것이 아닌가 판단된다. 과거의 실크로드를 현대판으로 발전시켜 경제적인 교류 통로로 만들려는 대구상 이외에 다른 목적은 없을 것이다. 교역이라는 것은 과거 식민지시대 자원과 노동의 착취라는 불명예를 안고 있었으나, 현대에서는 당사자 사이에 모두가 윈윈(Win-Win)하는 경제적 가치의 창출을 할 수도 있다는 것이다.

중국, 한민족 남으로 향하다

2010년 12월 KAL기 투어로 푸젠성의 수도 푸저우(福州)와 샤푸(霞浦)·샤먼(廈門) 등지를 여행하고 혼자 남아 바다의 실크로드의 출발점이었던 취안저우(泉州)와 하카(客家)족의 토루(土樓)를 답사하려고 여행 계획을 짰다. 이를 위해 나는 하루 먼저 상하이를 거쳐 푸저우에 도착하였다. 오전 중 고속철 차표를 사고 아편전쟁의 중국 측 장수 임측서(林則徐)기념관과 부근의 전통상가에서 촬영하다가 지참했던 여비와 신용카드를 몽땅 잃어버렸다. 다행히 촬영팀과 합류한 이후의 한 비용은 미리 서울에서 지불하였기 때문에 촬영팀과 푸저우 역에서 합류하여 4일을 같이 돌아다니다 귀국하였다. 미리 계획했던 일정(강남수향을 고속철로 여행하고 상하이에서 귀국하는 코스)과 토루에 직접 방문하는 스케줄은 운이 없어 포기했다.

중국은 대륙 세력으로 해양에 대한 지식과 이를 지배하려는 노력은 내륙보다 늦게 나타난다. 이것은 아마도 중국의 역대 왕조가 북방 유목민족과의 빈번한 접촉과 더불어 발전하여 왔기 때문일지도 모른다. 티베트 고원에서 발원하는 중국의 황하와 양츠강은 각각 독자적인 농경문화를 만들어 주고 있는데, 황토 고원을 지나는 황하는 건조한 풍토적 특성에서 유목과 전작(田作) 농경을, 양츠강은 고온다습한 남부를 관통하면서 도작(稻作) 문화를 만들어 주었다. 진(秦)·한(漢) 시대 이후

푸저우 고속철도.

한족은 양츠강 이남으로 지배 지역을 넓혀 가면서 해양으로 눈을 돌리기 시작한다. 중국에서는 양츠강을 그저 장강(長江)이라고만 부르는데, 장강 유역은 먼저 충칭(重慶) 일대의 시촨(四川)분지에서 다수 인구를 먹여 살릴 수 있는 농경지를 조성해 주고 장강 델타 지방까지 오면서 동칭호(洞庭湖)·타이호(太湖)·포양호(鄱陽湖)와 같은 큰 호수와 무수한 소택지(沼澤地)를 형성해 놓았다. 여기에는 거미줄 모양의 수로가 널려 있고 이들 수로를 연결하면 쉽게 운하를 만들 수 있다. 서에서 동으로 흐르는

장강을 남북으로 연결하면 장강과 황하가 이어지는 것이다. 이런 동맥에 의지해 수운이 발달하고 남과 북의 경제를 하나의 단위로 묶어 주는 역할을 해주어 중국의 통일과 통치를 용이하게 해 왔다. 중국 대운하의 총길이는 32만 킬로미터라고 한다.

진시황제 때부터 시작한 중원 평야지대의 수운 개발은 수·당을 거치면서 대규모로 확장되었다. 중원에 있던 한족의 남하와 팽창을 가능하게 해준 수단이었다. 당시 도로가 정비되지 않았던 시대에 운하가 제공하는 수운은 각 지방의 물자를 대량으로 교환할 수 있게 했을 뿐만 아니라 경제적으로 하나의 통일된 경제권으로 만들어 거대한 지역을 통치하기 쉽게 해주었다. 더구나 운하 양쪽에 도로를 병설하고 규칙적인 간격으로 역참(驛站)을 만들어 원거리 통신을 원활하게 해주어 그만큼 지배와 통치를 용이하게 한 것이다. 이러한 대형 프로젝트는 절대군주의 막강한 칙령으로 백성을 무임금으로 동원할 수 있거나 막대한 노예집단을 가졌던 전제군주가 아니면 실행 불가능한 일이었다. 현대에도 신속한 교통과 통신망을 가져야 하겠다는 국가의 정책 목표에는 변함이 없다. 중국 정부는 새로운 실크로드 초고속 철도망을 야심차게 건설하고 있다. 수년 전 불가능에 가까운 티베트 동토(凍土)고원에 칭장(靑藏)열차를 개통시킨 데 이어 전국에 그리드(Grid)와 같은 초고속 철도 건설에 박차를 가하고 있다. 고속철도망 영업 거리는 이미 일본을 능가하였다. 상하이 푸동 공항과 시내 사이에 시속 430킬로미터의 자기부상 철도가 운영되고 있는 것이다.

흔히 푸젠성을 민(閩越國)의 땅이라 일컫는다. 이곳은 높은 산맥이 양츠강 지역 이남을 가로막아 접근이 용이하지 않았던 곳이다. 그래서 이 지역은 원래 월족(越族)의 땅으로 존속해 왔다. 삼국지에 나오는 '오월동주(吳越同舟)' 월족의 고향이 바로 이곳이다. '적과의 대결이란 하나의 목표를 위해서는 속에 품은 뜻은 다르더라도 한배를 타고 운명을 같이 한다'는 뜻으로 풀이되겠지만, 춘추전국시대의 월의 수도는 저장성(浙江省) 사오싱(昭興, 중국의 명주로 유명한 곳이다)이었다가 오에 패하면서 푸저우로 남하하여 정도하였다.

진(秦)조에 한때 점령당하고 한(漢)에게도 점령당했지만 상하이로부터 북부 베트남에 이르기까지 이곳은 6세기까지 백월(百越)이 집거하는 땅이었다고 한다(以交趾至會稽 百奧雜居-顔師古 581-645; 交趾는 지금의 하노이, 會稽는 지금의 저장성 사오싱을 가리킴). 당이 망할 무렵 푸젠 땅에는 민월국이 푸젠성 대부분을 지배하였는데, 978년 송에 흡수되어 한족의 땅이 되었다.

한(漢)족은 오히려 이민족 지배 왕조 시절에 강역을 크게 넓혔다. 그러니까 역설적으로 말하면 남의 덕에 땅을 넓힌 것이다. 춘추전국시대에 이르기까지 시추완(四川) 분지에는 촉(蜀)의 무대로서 언어적으로 다른 민족이 지배하는 곳이어서 한민족의 판도는 아니었다. 또한 양츠강 이남은 오(吳)와 월(越)을 비롯한 남만의 여러 소수민족이 사는 땅이었다. 이들은 이른바 중원의 은·주의 사람들과는 민족적으로도 다른 고대 타이어족 계역의 민족으로 알려졌다. 한족은 이들을 불러 남만(南蠻)이라고 하였는데 기본적으로 벼농사를 하던 사람들이었으며, 저장성의 사오싱 일대는 벼농사의 한계선으로 알려졌다.

강남 일대는 고대로부터 중원 지방과는 달리 도작(稻作) 사회를 일군 오월(吳越)의 지배지로서 민족적으로 한족과는 다른 민족이다. 강남에 한족이 대거 이동하면서 물 많은 수향에 많은 인구가 살기 위한 방편으로 땅을 메우고 관개사업을 전개하여 새로운 수전이 생겨났다. 월족은 지금의 베트남족을 포함하는 여러 갈래의 월족을 가리킨다. 기원전 111년 안남을 정복하고 한사군(漢四郡)을 설치한 한은 캄보디아 동남아 왕국 참파나 푸난(扶南)왕국의 조공을 받고 멀리 자바에 있던 항시국가(港市國家)와도 교역이 발생하면서 자연스럽게 바다를 통한 접촉과 교류가 일어난다.

한족은 정복자로, 중원의 흉년이나 내란을 피하여, 또는 정치적인 핍박을 피하여 점차 이주해 왔고, 때로는 불량민의 유형지가 되었던 것은 흥미로운 부분이다. 역대 왕조가 죄인이나 상인을 화남에 유배시킨 것은 마치 영국이 죄인을 오스트레일리아에 보낸 것과 비슷한 사례일 것이다. 일단 이주해 온 한족은 선주민인 월인들을 남으로, 또는 산악지방으로 몰고 이 지역을 집중적으로 개발하기 시작한다.

푸저우의 시후(西湖) 공원은 2세기에 푸저우의 태수로 온 엄고(嚴高)가 관개용으로 파 놓은 인공저수지이다. 이곳의 풍부한 물 덕으로 벼농사가 발전하였고, 해안선

시후 공원에서 뱃놀이하는 사람들.

은 리아스식으로 굴곡이 많아 좋은 항구가 될 입지를 구비하고 있어 해양 진출이 쉬운 곳이었다.

화교의 고향, 해안 3성(海岸三省)

당조가 일어나기까지 화북은 수백 년 동안 중원의 유목민족이 교대로 지배하는 혼란기에 놓였으나, 화남은 이제까지 없었던 번영을 누렸다. 제장(浙江)·푸젠(福建)·광저우(廣東) 각지에 무역항이 개설되어 동남아시아, 인도 등지와 무역 거래가 활발하게 되었다. 중앙정권으로부터의 감시가 덜한 곳에서 개방된 바다를 향한 상업 활동에 전념하게 되어 자연히 돈 버는 일에 전념하게 되고 오직 자신과 가문 그리고 동향 사람들을 위한 상업과 무역에 몰두한다. 푸젠과 광저우 해안 지역 한인들은 가족과 향토를 기반으로 네트워크를 만들고 이 네트워크는 이후 해외로 진출한 화교의 비밀스러운 조직의 기본이 되어 화교적 특징인 신용과 신뢰라는 유대관계를 구축한다. 이런 유대관계를 통하여 시장 지배력을 공고히 하고 가문과 동향인의 지위 유지에 불가분한 조직이 되었다. 현대 중국의 지도자 쑨원(孫文), 장제스(蔣介石), 마오쩌둥(毛澤東) 같은 인물이 화남에서 배출되었다.

상하이에서 국내선을 타고 푸저우에 도착해 공항을 떠나 리무진 버스를 타고 시내로 향하였다. 어두워 잘 보이질 않았으나 푸저우에 가까워지자 지형이 사납게 바

중국의 소수민족인 서족 마을 사람들.

〉 서족 마을.

꿰어 산 넘고 강을 건너 시내로 들어왔다. 푸저우시 가운데로는 민강(閩江)이 흐른다. 3세기경 도시가 생기기 시작한 푸저우는 푸젠성의 중심지로 인구 5백만을 헤아리는 대도시가 되었다. 중심가만 보면 서울에 크게 뒤지지 않아 보였다. 해외에 있는 화교 자본이 많이 들어와 다른 데보다 일찍 발전을 이룩한 것 같다. 산지가 많아 경작지는 고작 15퍼센트 정도라고 하는 푸젠성에는 소수민족으로 화전을 일구어 살던 여족(畲族)이 많이 분포되어 산다고 한다. 그들은 산간지방에서는 화전을 일구어 살다가 일부는 경작을 하고, 해안가에 사는 일족은 바다 양식업을 한다고 한다. 우리 일행은 4박5일 동안 현지 안내인의 안내로 샤푸(霞浦) 해안에서 바닷가 갯벌에 우뚝 솟은 둥그런 봉우리를 여명과 일출 시간에 맞춰 촬영한 후 일대에서 사는 여족 마을을 돌아다녔다.

한 씨족이 남하하여 큰 씨족사회를 형성한 사례 중 하나가 바로 하카족으로, 후에 강남으로 더 이동하고, 나중에는 해외로 퍼졌다. 광저우·푸젠·타이완 외에 해외 화교를 포함한 하카족의 인구는 8천만을 헤아린다고 한다.

'토루'는 푸젠과 광둥 등지에 있는 하카족의 원형공동주택이며 독특한 모양의 하카 전통문화가 보존되는 등 보편적 가치가 인정되어 사람이 현주하는 세계문화유산으로 등재되었다. 남부 푸젠성 일대에는 이와 같은 토루가 2만 채가 넘으며, 가장 오래된 것은 7백 년 전에 지어진 것이다. 여기에는 재미있는 일화가 하나 있다. 샐리

〉 푸젠성의 토루.
© 사진 박문수 제공

해먼드가 쓴 글에 의하면, 냉전이 막바지를 향해 치닫던 20여 년 전, 정찰 인공위성이 중국 남부 계곡에 용도와 목적을 알 수 없는 도넛 모양의 특이한 건물 수십 채를 발견하고 이를 군사적 목적으로 쓰이는 미사일 기지가 아닌가 하는 의심을 하게 되었다. 그래서 일부러 첩보원을 투입해 조사한 일이 있다는 것이다. 현장에 어렵게 도착한 첩보원은 이 건물이 수백 년 전에 지은 한 씨족의 공동주택임을 알아내고 혀를 찼다는 내용이다(『모닝캄』, 2009. 11월호).

토루 한 가운데 있는 조상을 모신 사당. ⓒ 사진 박문수 제공

하카족은 현지 토착민과의 대결과 외세 침입자에 대한 대비를 위하여 성채와 같은 둥근 토루를 짓고 공동으로 살아 온 것이다. 그래서 이들이 '하카'로 불리게 된 것이다. 토루는 4-5층의 둥근 원형 모양을 주로 하고 있으며 재료는 이 지방 특유의 붉은 진흙과 모래, 돌이 사용되는데, 흙 반죽에는 달걀 흰자와 찹쌀, 심지어 설탕까지 섞어 반죽해 벽에 바르고 굳히면 시멘

트보다 단단해진다고 한다. 출입문은 지상에 서너 군데에 내고 중정에는 자그마한 기와집을 지어 조상의 사당을 모신다.

토루는 이처럼 난공불락의 요새같이 보인다. 이러한 느낌은 2년 전 발칸 반도를 방문했을 때 트란실바니아 지방의 색슨 요새교회(Fortress Church)에서 받았던 느낌과 비슷하다. 하카족은 광둥·광시·장시 등지에 퍼져 살고 있는데, 중원의 난을 피하여 이곳에 정착한 이후 그들은 중앙 조정의 관료가 되는 길을 버리고 상업과 교역에만 전력을 쏟아 부었다. 일단 중앙 정치무대인 조정에서 멀어진 그들에게는 일정한 자유와 재량이 있게 마련이다. 하카족은 뒤에 대만으로 많이 이주해 갔으며, 명대 이후에는 동남아시아 전역에 퍼져 살게 된다. 이후에도 많은 하카족이 동남아시아로 떠나면서 화교로 널리 퍼지게 된다. 하카족 중에는 중국 역사상 저명한 인물도 많이 배출하였다. 하카 출신 중 저명한 인물은 근대 신해혁명(1912, 청제국을 쓰러뜨리고 중화민국을 창시한 현대 중국의 국부 쑨원, 현대 중국의 번영을 가져온 덩샤오핑(鄧小平), 싱가포르 건국의 견인차 역할을 한 인물 리콴유(李光耀), 심지어 탁신 시나와트라 태국 전 총리 등이 모두 하카 출신으로 알려졌다.

푸젠성 해안의 북쪽 끝 샤푸(霞浦)에서의 마지막 날, 샤먼(廈門)으로 넘어갔다. 샤먼은 푸젠성의 발음으로 '아모이'라고 발음하며 아모이 섬에 건설된 도시이다. 이때까지 시골 마을에서 숙식하면서 겉만 흉내 낸 새로 지은 관광호텔에서 머물다가 샤먼에서는 제대로 된 5성급 호텔에서 묵었다. 바다 건너편의 대만에 있는 중국 투자가가 지은 호텔이라고 한다. 중국은 서로 하나의 중국을 표방하지만 본토의 공산사회주의 정부와 대만의 국민당 정부가 공존하면서 서로 왕래도 하고 투자와 교역도 활발히 일어나고 있었다. 이는 우리나라의 남북 사이에서는 볼 수 없는 어딘가 대국다운 기질을 느끼게 하기에 충분하였다.

평화로운 진먼 섬 해안.

다음날 귀국길에 아모이 해안을 따라 공항까지 이동하였는데, 대만이 아직 차지하고 있는 진먼 섬(金門島)이 그곳에서 불과 4킬로미터 떨어진 곳에 있다고 한다. 그런데 해안지대에는 최근에 부쩍 고급 아파트가 많이 들어서고 있으며 바닷가는 평화롭기 그지없다. 너무나도 긴장이 없고 평화로운 해안가에서 유유히 노니는 바닷가 사람들을 보면서 과연 이곳이 국공이 대결(國共對決)하던 곳이 맞나 하는 의문을 금할 수 없었다.

떠나는 날 우리는 고롱스(鼓浪嶼) 섬을 잠깐 방문했다. 면적이 1.78제곱킬로미터인 이 섬에는 2만 명 이상이 거주하고 있다. 청나라 시절 난징조약에 의거 이 항구가 개항된 후 1902년까지 이곳에는 미국·영국·프랑스·일본·독일·스페인·포르투갈·네덜란드의 공동조차지로서 영사관·상사·학교·병원·교회와 같은 서양식 건축물이 꽉 들어섰다. 그리고 서양인과 중국 부호들의 별장도 들어찬 별천지와 같은 곳이었는데, 제2차 세계대전 후 백여 년에 걸친 외국인 점령이 끝난다. 그래서 섬 전체에 19

위·아래, 샤먼 고롱스 섬의 오래된 건물들.

세기의 고풍스러운 서양식 건물이 즐비하여 건축물 자체만으로도 충분히 보존 가치가 있다.

이 섬은 제2차 세계대전중인 1942년부터 일본군이 점령했었고, 이어 벌어진 장제스 국민정부군과 마오쩌둥 인민해방군 사이의 전쟁에서 진 국민정부군이 대만으로 후퇴하면서 이 섬 건너 진먼 섬을 끈기 있게 차지하고 버티기도 했던 냉전과 열전이 교차한 곳이었다. 한국전쟁 기간과 그 후까지 진먼 섬 국민정부군과 샤먼 방면 중국인민군 사이에는 무수한 포사격이 여러 날 동안 심심하면 일어났던 곳이다. 우리는 2011년 연평도 포격을 겪으면서 격세지감을 느끼지 않을 수 없었다. 이곳은 불과 10여 년 전만 해도 외국인에게는 개방되지 않던 곳이라 한다. 이곳에선 근대 건축물 유산을 비롯해 환경을 보존하기 위하여 차량통행을 일절 금지하고 있어 페리로만 접근하고 도보로 관광해야 한다.

바다 실크로드의 시발점, 항저우·취안저우·광저우

아모이가 푸젠 지역의 중요 무역항이 되기 전에는 이곳에서 약 40킬로미터 떨어진 취안저우(泉州)가 중국 동남해안에는 광저우와 더불어 최대 무역항이었다. 13세기 육로 실크로드로 원나라까지 갔다가 10여 년 중국에서 체류하고 돌아간 마르코 폴로는 이곳을 거쳐 바닷길로 귀국하였는데 그는 『동방견문록』에 취안저우에 관하여 다음과 같이 적어 놓았다.

"자이툰 항은 유럽의 어느 교역항과 비교하더라도 크다. 한꺼번에 백 척의 배가 입항한다. 무역 규모로 볼 때 자이툰 항은 분명히 세계 최대 항구의 하나이다."

4년여에 걸쳐 육로의 실크로드를 이동한 긴 여행 끝에 원나라의 대도 북경에 도착한 마르코 폴로가 10여 년간 이곳에 머물다가 바닷길을 통해 동남아와 인도양을 거쳐 베네치아로 돌아가는 여정을 그린 『동방견문록』에 소개된 대목 중 하나이다.

자이툰은 유럽에 소개된 푸젠성 취안저우의 옛 이름으로 어떻게 해서 유럽에 '자이툰'으로 소개되었는지는 잘 모르겠지만 마르코 폴로는 육로의 실크로드와 바다의 실크로드를 두루 여행한 몇 안 되는 탐험가임에 틀림없다. 취안저우는 송(宋)나라 때인 1087년에 외국 무역을 통제·관리하는 시박사(市舶司)가 설치될 만큼 무역의 중심지 역할을 했다. 원(元)나라 때까지만 해도 중국에서 최고로 번화한 해외무역 중심지였던 것이다. 자료에 의하면 도시 남부에는 아라비아 상인들이 모여 사는 곳도 있었다고 한다. 그러다가 명(明) 중기 이후에는 부근의 푸저우·아모이 등이 개항되면서 차츰 쇠퇴하였지만 해외교통사(海外交通史)박물관에 가 보면 당시의 취안저우 항과 바다 실크로드의 여러 면모를 잘 알아볼 수 있다.

광저우의 옛 이름은 번우(番禺), 진시황이 처음 광동과 교지를 점령하고 남해(南海), 계림(桂林), 상(象)의 3군을 설치하였는데, 진이 쇠약해지자 조타(趙陀)가 번우

위, 한 나라 때 정크선
아래, 중국 범선 가이잉 호.

를 수도로 하여 남월(南越)을 세웠다가 한무제(武帝)가 재점령하여 9군을 설치하면서 완전히 한인의 땅으로 변모한다. 1983년 우연히 남월 제2대와 문제(文帝)의 왕묘(王墓)가 지에팡베이루(解放北路)에서 발견되었다. 매장품이 1천 점 이상 발견되었는데, 이중에 천 개 이상의 옥편으로 지은 사루옥의(絲縷玉衣)가 발견돼 세상을 놀라게 하였다. 현재 광저우에 가면 남월왕묘박물관에 유품이 전시되어 있다고 한다.

중국의 사서는 곤륜선(崑崙船)이 동남아시아의 무역에서 활약한 것으로 기록한다. 곤륜선은 중국의 배는 아니지만 어느 나라의 배인지를 지칭하는 것인지도 확실하지 않다. 학자들은 대체적으로 검은 피부에 머리가 곱실거리는(黑身卷髮) 오스트로-폴리네시안(Austro-polinesian)을 지칭하는 것이 아닐까 하고 추정한다. 곤륜선은 나무로 만들었는데 선원을 포함해 수백 명이 탈 수 있고 야자수의 껍질로 배의 이음새를 막아 물이 스며들어 오는 것을 막고, 앞뒤로 세 마디로 구분되어 돛을 달고 항해할 수 있었다고 한다(慧琳: 一切經音義, 券 61). 일부 학자들은 보로부두르 부조 벽화에서 보여주는 배 젓는 노예선과 같은 것이 바로 곤륜선이므로 동남아시아 사람들의 배로 추정하곤 한다. 한나라 이래 한족이 동남 해안부를 지배하면서 자연스럽게 동남아시아와 교역이 활발하게 일어난 것이라고 보는 것이 타당하다. 그렇지만 본격적인 해상교역은 당대에 아라비아 상선이 오가면서 시작된다. 모하메드가 아라비아 반도에서 일으킨 이슬람교는 파죽지세로 아시아와 유럽으로 번져 나갔다.

아마도 당의 고선지(高仙芝) 장군과 이슬람 군대가 중앙아시아에서 탈라스에서 맞붙은 전투(서기 751) 이전에 이미 광저우에 이슬람 상인이 내왕하였을 것이라는 증거가 광저우에 있는 것이다. 이슬람은 610년에 모하메드에 의해 창시되었는데 서기 651년 사드 빈 와카스(Sa'd ibn Waqqa)가 해로를 따라 광저우에 도착하였으며, 당 고종과 알현하여 이슬람의 포교를 허락받았다는 것이다. 광저우에는 취안저우와 마찬가지로 8세기경부터 아라비아 상선을 관리하는 시박시가 설치되었고 한때 이들의 숫자는 수천을 헤아렸다고 한다. 아랍인 저자가 10세기 초에 지은 저서에 의하면 서기 877년 황소(黃巢)의 난이 일어났을 때 이슬람, 조로아스타교도 등 수천 명이 살해되었다고 한다. 그들의 신앙생활을 위해 몇 개의 이슬람 사원이 건설되었으며, 오늘날도 광저우 대모스크로 남아 있다. 요는 중국 남해안에서 동남아 말레이 반도, 말라카 해협, 스리랑카, 남인도, 페르시아 만까지 이슬람 상인의 왕래가 우리가 생각한 것보다 일찍부터, 그리고 상당한 물량의 교역이 이뤄졌음을 알 수 있다.

당이 멸망한 후 분열과 혼란의 시대가 약 60년간 지속되었는데 송(宋)조는 처음 2백 년 동안 카이펑(開封)에 수도를 정했다가 만주족의 금(金)나라에 밀려 항저우로 천도한다. 송은 금을 형의 나라로 섬기며 조공을 바치면서 내실을 기하여 문화적으로 주변을 아울렀다. 한족의 판도는 양츠강 이남으로 축소되었고, 강북은 금이 지배하는 형국이 되어 버렸다. 송의 판도는 친링(秦嶺) 이남에 한정되었다. 아마도 한족

위, 쑤저우 사찰 풍경.
아래, 항저우 상린사 부처상.

〉 쑤저우의 수변 마을.

역사상 가장 작은 영토를 가졌던 왕조가 되었을 테지만 반면 중원의 문화가 꽃피운 시기이기도 하다. 이웃의 쑤저우는 당시 세계 제일의 교역항으로, 여기서 나는 견직물은 명주(溟洲-寧波)와 취안저우(泉州) 같은 항구를 통해 멀리 유럽까지 수출되었고, 대신 다량의 은이 교역대금으로 들어와 부가 넘치는 무역도시가 되었다.

남송은 학문이 발달하여 특히 주자(朱子)에 의한 신유학이 대두되었고, 이는 훗날 조선에도 파급되어 조선 통치의 기반이 되는 정치철학으로 발전하였다. 이 시대를 대표하는 시인 학자로는 주자 외에 왕안석(王安石), 사마광(司馬光), 서동파(徐東坡)가 있어 송대의 학문과 문화를 당대보다 한층 더 격상시켜 주었다. 그러다가 1279년 다시 외부 유목 세력에 의해 멸망하고 마는데, 이것이 바로 몽골족 칭기즈 칸이 세운 대원(大元)이다. 항저우와 쑤저우 일대는 화북과 화남을 잇는 대운하의 남단에 위치하여, 송조(宋朝) 390년 동안은 물론, 그 이후에도 강남수향(江南水鄉)의 중심지로 자리 잡았다. 하지만 항저우를 말할 때 시후(西湖)의 아름다움을 빼놓고는 이야기할 수 없을 것이다.

위. 항저우의 호수 시후 풍경.
아래, 세계유산 중 하나인 소주정원.

시후는 둘레 약 16킬로미터 정도의 호수로, 구름이 드리운 삼면의 산과 항저우 시가지로 둘러싸였으며, 중국 10대 명승지 중에 하나로 세계문화유산으로 등재(2011)된 곳이다. 시후의 인공적인 측면은 당나라 이후 시후에서 준설된 흙으로 가운데에 둑길을 놓고 정자를 짓는 등 추가된 요소 정도이다. 주변에 지은 사찰과 정자도 인

쑤저우의 운하 풍경.

공적인 아름다움을 창조했다. 당대 이래 역대에 많은 문인과 예술가들이 시후에서 영감을 얻었고 이는 글과 그림으로 남겨졌다. 강남 6진 수향에는 독특한 수변가의 주택들이 고색창연하게 남아 있으며, 상하이를 비롯하여 우리나라에서도 내방하는 내외 관광객들로 붐빈다.

쑤저우는 미인과 비단으로 유명한 곳이다. 또한 고대 오(吳)의 수도였던 역사성과, 천여 년 전에 건설한 수운을 이용한 교역의 발달 등이 지방 산업과 경제에 중요한 역할을 미쳐, 명나라 말기에서 청대에 이르러 쑤저우의 번창은 대단하였던 것 같다. 쑤저우에는 강남을 대표하는 정원이 수없이 널려 있는데 이중에 아주 뛰어난 쥐정앤(拙政園), 리우유앤(留園)을 비롯한 9개의 대표적 정원이 세계문화유산으로 등재되어 있다. 이들 정원은 대개 16세기 명대에서 청대 사이에 지은 것인데, 쑤저우의 번영이 이러한 문화적 유산을 남기게 된 것이겠지만, 정원은 이름에 비해 고도다운 세련미는 보이질 않고 단지 이를 지은 주인의 가장 번창했던 시절의 부만을 대표하고 있는 듯하다.

정허 함대와 중국 화교의 진출

여기서 설명하는 정허 함대의 이야기는 명대 말에 있었던 역사적 사실로서 그의 유적을 찾아 항저우·샤푸·푸저우를 찾아 갔었으나 마땅한 자료는 얻을 수 없었다. 명나라 때 잠시 왕도였던 난징에는 정허 함대의 기함(旗艦)을 복원해 놓은 선박공원이 있다는데 가보지는 못했다(이번 장에 참고할 사진은 대부분 홍콩과 마카오 해양박물관에서 얻은 자료들이다).

송대부터 번창했던 동남해 무역은 명태조의 쇄국정책(명조의 대외무역은 국가 대 국가 간의 조공무역에 한정시키고 사무역을 금했으며, 중국인의 해외 도항을 금지시켰었다.) 이후 영락제(永樂帝, 1402-1424) 시절 시들했던 무역의 활성화와 친선도모를 목적으로 동남아시아와 서아시아에 정허(鄭和) 제독이 이끄는 대함대를 파견한다. 정허의 함대는 중국 난징에서 출발하여 푸젠성 샤푸, 푸저우에서 무역풍을 기다려 출항하였다. 대선 62척에 2만 7천 명의 군사를 갖춘 대규모 함대로서 가는 곳마다 위세가 등등하였으며, 반항하면 진압하고 명나라의 위세를 한껏 과시하고 명에 조공을 하게 만들었다.

1405년에서 1433년까지 28년 동안 7번에 걸쳐 동남아시아와 서아시아, 그리고 페르시아만과 멀리 아프리카까지 항해하였는데, 38개국을 섭렵하고 이들 연해의 소도시 국가들로 하여금 명에 충성하고 조공을 바치게 하였다. 그의 원정은 콜럼버스가 미 대륙을 발견하기 80여 년 전이고, 바스크 다 가마의 포르투갈 함대가 인도에 도달하기 90년 전의 일이다. 바스크 다 가마의 4척 함대는 2백 명 미만이었음을 감안하면 정허 함대의 스케일을 짐작하기에 충분하다. 그는 1433년 최종 원정중 칼리카트

정허 함대와 콜럼버스 선 모형 – CCL Wikimedia
두바이 바투타 몰 중국관에 전시되었던 정허 함선의 모형인데, 실제 크기를 놓고 해양학자들 사이에는 이견이 있다.

말라카에 있는 정허의 사당.

에서 병에 걸려 사망했고 바다에 장사지냈다. 지금 그의 가묘는 난징에 만들어져 있다. 명나라는 이후 모든 해외무역을 금지시키고 쇄국의 길을 걷는다. 지금 현대적인 함대와 비교해도 가히 세계 최대의 함대라고 할 수 있는 규모의 해군력인데, 스스로 문을 닫고 은둔하고 만 것이다. 15세기 후반 무주의 인도양과 동남아시아에 유럽제국의 바다 지배를 허용한 것이나 다름없다.

정허 제독은 이슬람을 믿는 윈난성 회족 출신으로 원래의 이름은 마삼보(馬三保)였는데, 명의 윈난성 정벌시 거세당하고 내시가 되어 베이징에 끌려갔다. 기골이 장대했던 정허는 자라면서 황제를 도와 북방의 외침 격퇴에 종사하고 나서 영락제(永樂帝)의 신임을 받아 정허라는 이름을 하사받았다.

그의 방문 흔적은 도처에 남아 있다. 현재 아프리카 동해안에 정허 함대가 다녀간 흔적이 남아 있으며, 2010년 영국 BBC는 정허 함대의 유적 발굴을 보도한 바 있다. 태국 아유타야 왕조 시절에 그는 사이암 만을 들어와 차오프라야 강을 거슬러 아유타야까지 내방하였다. 아유타야에 있는 석상이 그를 기념한다. 인도네시아 스마랑에는 정허 함대 내방을 설명하는 몇 가지 유적이 남아 있다. 하나는 불교사원인 'Gedong Batu Mosque'이고, 다른 하나는 정허 함대의 원정을 가늠할 수 있는 이 절의 부조이다. 이 부조에는 원정길 연도와 술탄을 복속시키는 장면이 새겨져 있다.

정허 함대의 또 하나의 성과는 중국 남부 해안과 말라카해협에는 왕조 권력이 허약하거나 쇠퇴할 경우 발호하는 해적들의 준동을 잠시나마 퇴치시키고 잠재운 일일

차 수	시 기	방 문 기 항 지
1차 항해	1405–1407	참파, 자바, 팔렘방(수마트라), 말라카, 람브리, 세일론, 코친, 칼리캇타
2차 항해	1407–1409	참파, 자바, 팔렘방(수마트라), 말라카, 사이암,
3차 항해	1409–1411	참파, 자바, 팔렘방(수마트라), 말라카, 람브리, 세일론, 코친, 칼리캇타, 사이암, 카발, 카얄, 코이토레, 풋무푸르
4차 항해	1413–1415	참파, 자바, 팔렘방(수마트라), 말라카, 세일론, 코친, 칼리캇트, 카얄, 파항, 케란탄, 람브리, 호르무즈, 몰다이브, 모가디슈, 바와라, 마린디, 아덴, 무스캇트, 도파르
5차 항해	1416–1419	참파, 자바, 팔렘방(수마트라), 말라카, 사만데라, 람브리, 샤르와인, 세일론, 코친, 칼리캇트, 카얄, 파항, 케란탄, 람브리, 호르무즈, 몰다이브, 모가디슈, 바와라, 마린디, 아덴
6차 항해	1421–1422	호르무즈, 동아프리카, 아라비아 제국
7차 항해	1430–1433	자바, 팔렘방, 말라카, 수마트라, 세일론, 칼리카트

(출처: 위키피디아 http://en.wikipedia.org/wiki/Zheng_He)

정허 함대의 모선 모형.

것이다. 우리나라 고려 말부터 조선 초기에 준동하던 왜구는 명나라 때 멀리 중국 해안에도 나타났던 모양이다(홍콩박물관에서 입수한 19세기 해적 퇴치도 참고). 하물며, 좁고 기다란 말라카 해협의 해적 발호는 더 했을 것이다. 수천 년 동안 해적들의 발호하던 본거지였다. 중국의 해안 읍성에는 왜구를 방어하기 위한 군사시설들이 꽤 있었다고 한다. 우리나라에도 민속마을로 지정된 낙안읍성이나 제주 성읍마을이란 이런 해적들의 침공을 대비하여 축조한 일종의 방어시설인 것이다. 오늘날 세계적인 규모의 현대적인 해양세력이 건재함에도 불구하고 동아프리카 해안에 들끓는 해적들을 어찌하지 못하는 실정인데, 수백 년 전에는 어떠했을지 짐작할 수조차 없다.

중국인이 오늘과 같이 동남아시아 전역에 퍼져 있게 된 것은 명나라 때 정허 제독의 원정 이후의 일이다. 명은 정허의 일곱 번에 걸친 원정 이후 중국인의 해외도항을 금지시키고 사무역도 금지시킨다. 그리고 곧 청에게 멸망당한다. 명이 해외도항을 금지하자 무역을 위해 해외에 머물던 사람들은 그 자리에 정착해 화교가 되었다. 그리고는 고향에 있던 일가친척과 동향인을 해외로 불러들였다. 현재 동남아시아에는 중국 화교가 없는 곳이 없다. 동남아시아의 화교수는 줄잡아도 3천만 명쯤 되는 것으로 파악된다. 중국 화교는 동남아시아에서 막강한 경제권을 쥐고 있어서 중국이 1980년대 개혁·개방하면서 경제발전에 필요한 해외로부터의 투자는 거의 홍콩·

싱가포르를 비롯한 화교 자본에 의존하였음은 주지의 사실이다.

동남아시아는 지리적인 특성으로 인하여 수천 년 전부터 중국과 인도의 영향을 깊이 받은 곳이어서 인적 교류가 생기면 일부는 잔류하여 현지인화되기도 하였겠지만, 본격적으로 중국 화교가 등장하는 것은 명·청대 이후의 일이다.

일반적으로 중국을 떠나 해외에서 잔류하게 되는 데에는 여러 가지 요인이 있겠지만 무엇보다도 무역에 종사하다가 해외에 잔류하게 되는 이유가 크다. 항해철이 되면 무역에 종사하는 자들이 수개월에 걸쳐 외국으로 항해하여 목적지에 도착하면, 상품을 팔고 수입할 상품을 사들이는 데 상당한 시간이 걸렸다. 화교들은 시간이 걸림에 따라 일가친척을 현지로 보내어 지점 노릇을 하게 한다. 그렇게 상당 기간 동안 체류하다가 고향에 돌아가는 사람도 있었을 것이다. 그들은 또 고향에 돌아가 해외에 차려 놓은 생산 공장, 또는 농사에 종사할 사람을 모집하여 불러들이곤 했을 것이다. 또 하나의 경우로는 중국의 정치 정세가 불안정하게 되면 정치적인 이민이 발생하게 되었다.

그러나 무엇보다도 가장 크게 작용한 이주 동기를 보면 명·청대에 인구 증가에 따라 과밀해진 푸젠성 광저우 일대에서 산지가 많아 경작지가 부족한 데 따른 생계형 이주이다. 또 이따금 일어나는 자연재해로 화북의 사람들이 대거 화남으로 피난하여 온 것도 해외이주의 명분을 제공하였다.

정허 함대의 푸젠성 출항 모형.

명은 사무역(私貿易)을 금하는 해금령을 내림에 따라, 이제까지 대외무역에 종사하던 사람들은 지하에 잠적하거나 해외로 도피하지 않으면 안 되었다. 청대에 이르러서는 해안지대로부터 내륙으로 아예 이주하라는 천계령(遷界令)이 내려져 대량 탈출에 불이 붙었다. 여기에다 정허의 일곱 번에 걸친 해외 항해에서 얻은 지식과 정보는 중국인에게 새로운 세계로의 이주를 자극하였을지도 모른다.

대부분의 중국 화교와 인도인들의 이주가 시작된 것은 18세기 말에서 19세기 초부터였다고 한다. 그리고 피낭·말라카·싱가포르와 같이 중국인의 이민이 두드러진 곳은 없었다.

동남아시아에 있는 화교에게 출신지를 물으면 대개 해안지대의 푸젠·광저우·제강이 조상의 고향이라는 답을 듣는다. 이중에도 가장 두드러진 이민 집단은 광저우성 차오주(潮州)인 집단이다. 문화적으로 결속이 굳고 귀속의식도 강하여 화교 중에 세계 최강의 지하조직을 거느리고 있는 독특한 화교 집단이다.

차오주 사람들은 베트남·타이·말레이시아 쌀 시장의 주도권을 쥐고 있으며, 타이·미얀마 군부와도 끈끈한 이해관계와 유대를 가지고 있는 것으로 알려졌다. 다음으로 큰 집단은 푸저우·취안저우 등지에서 떠난 푸젠 민남(閩南)인이다. 이들은 화교 숫자에서 가장 많은 집단을 이루며 타이·필리핀·인도네시아·싱가포르·말레이시아에 다수파를 형성하고 있다. 푸젠·광저우 해안부에 널려 있는 하카족의 해외이주도 상당수를 이루고 있다.

홍콩의 정크선. ⓒ Can Stock Photo

화교 집단은 대체적으로 자신들의 취약한 지위를 지키기 위하여 동향·동성·같은 지방 사투리를 쓰는 사람들끼리 동향회·성씨회(姓氏會)·사당(祀堂) 또는 방(幇) 모임을 조직하여 철저하게 신뢰 본위로 조직을 운영해 간다. 이러는 과정에서 박해도 심심치 않게 받았다. 1740년 인도네시아 바타비아(자카르타)에서는 불량 중국인을 국외로 추방한다는 포고에 반하여 반란을 일으킨 중국인 1만여 명이 학살되었고, 말레이시아 사라와크 주에서 하카 사람이 운영하는 광산 공사가 특정인 암살을 기도하다가 발각되어 5천 명이라는 중국인 화교가 대량 학살을 겪었으며, 필리핀에서도 다수의 학살이 자행되었다는 기록이 있다.

정허의 일곱 번에 걸친 대함대의 원정 이후 명의 쇄국정책으로 화교의 동남아 진출은 크게 늘어났으나 중국 왕조의 실질적인 수혜는 일어나지 않은 채, 유럽에서는 콜럼버스의 대항해와 같은 사건이 줄을 이어 발생한다.

1453년 오스만 터키에 의해 비잔틴제국이 몰락하자 서부 지중해 일대는 이슬람 세력의 손에 들어가게 되었고, 이곳을 거쳐야 하는 대상들에게는 추가적인 통과세 부담이 생겼다. 이때 먼저 대안 항로를 찾은 나라는 포르투갈로, 1415년 북아프리카에 무어 기지를 확보하고 난 후, 아프리카 해안을 시작으로 본격적인 아시아 항로를 탐색하면서 맨 먼저 희망봉을 거쳐 인도양으로 진출하는 데 성공했다. 이후 포르투갈은 향후 백 년 동안 아프리카와 인도와의 교역을 지배하였다. 스페인은 이와 반대로 콜럼버스가 발견한 신대륙 개발에 전념하면서 중남미를 차례로 식민화하고 남아메리카 대국을 한 바퀴 돌아 아시아(필리핀)에 도달하였던 것이다. 이것은 명 제독 정허의 일곱 차례에 걸친 원정이 끝난 지 거의 백 년이 지난 후의 일이다.

말라카와 싱가포르 식민지

포르투갈은 1415년 북아프리카에 무어 기지를 확보하고 난 후 아프리카 해안을 본격적으로 탐험하고 맨 먼저 희망봉을 거쳐 인도양으로 진출하는 데 성공한 후 마카오에 1512년에 도달한다. 스페인은 이와 반대로 콜럼버스가 발견한 신대륙 개발에 전념하면서 남아메리카 대륙을 한 바퀴 도는 항로를 개척하여 아시아에 도달하였던 것이다.

화교가 동남아시아로 진출한 후, 19세기 말 청은 서양 제국의 침입에 역부족하여 제대로 대처하지 못하고, 영국 일본 등의 전쟁에 패배하면서 상하이, 칭다오 등지에 외국에 조차지를 제공하고 홍콩을 영국에 할양하는 등 굴욕적인 조약을 맺게 된다. 그 후 1911년 신해혁명으로 청조는 망하고 중화민국이 성립되었다가 1949년 중화인민공화국이 성립된다.

중국이 공산화되면서 중국 해안부에 유럽 나라가 차지하고 있던 홍콩과 마카오는 본토의 피난민을 대량으로 받아들였다. 홍콩은 무역과 경영의 시너지 효과를 얻어 자유무역지역으로 번창하다가 1999년 중국에 반환되었다. 싱가포르는 영국의 또 하나의 식민지로 개발되다가 화교가 주류를 이루는 독립국가가 되었다.

싱가포르의 영국 통치 유적과 신시가지.

싱가포르는 1819년 1월까지 술탄 직권의 조그마한 어촌 마을로, 한쪽에는 해적들이 우글거리는 곳이었다고 한다. 영국 동인도회사의 관리였던 래플스 경은 이 지역의 네덜란드와 부딪히지 않기 위해 무역 장소를 찾다가 조그만 어촌 마을에 지금의 싱가포르를 세웠다. 그곳이 동부와 서부의 교차지점으로 최상의 장소라고 생각한 것이다. 그는 항구에서 무역할 수 있는 권리와 자유항구임을 알리는 계약을 조호르

술탄과 체결하였다. 이러한 정치적인 배경으로 래플스 경은 싱가포르를 무역항으로 확립하여 자유무역항으로 수많은 아시아 국가와 미국, 유럽의 여러 나라들을 끌어들였다.

건설에는 숙련된 노동력이 필요했고 말레인들만으로는 감당할 수 없어 중국인 인력이 들어오기 시작했다. 싱가포르가 건설되기 시작한 지 25년 만에 중국인 인구는 과반수를 넘었고, 1800년대에는 61퍼센트까지 늘어났다. 화남 지방으로부터의 화교의 이민이 대거 유입된 것이다.

1942년 제2차 세계대전 기간중, 일본은 북부 말레이시아와 싱가포르를 침공·점령하였다. 일본 통치 아래 싱가포르는 쇼난(昭南, 남부의 빛)이라는 이름으로 바뀌었

싱가포르 약사

연 대	발생 사건
1819	영국인 토머스 래플스 경 영국 동인도회사 항구로 개척
1826–	화교 대거 이주 시작
1867–1942	영국 식민지
1942–1945	일본군 점령
1945–1962	다시 영국 식민지
1962–	말레이 연방 일원으로 독립
1965–	말레이시아로부터 분리 독립

다. 1945년 8월, 전쟁 후에 싱가포르는 다시 영국 직할식민지로 바뀌었지만, 1959년에 전체 선거가 열려 새로운 헌법 아래 자치제가 인정되었다.

1963년 9월에는 말레이시아와 하나의 연방으로 결합했지만 말레이시아의 말레인 우대정책을 둘러싼 문제가 두 나라를 다시 갈라놓았다. 싱가포르는 1965년 8월 9일에 독립국가가 되었다.

중국 화교가 다수인 피낭이나 말라카와는 달리, 오늘날 싱가포르는 중국인이 다수인 국가를 형성하여 독립국가로 성장했다. 도시국가로서 국격이 매우 높으며 홍콩과 더불어 경제적으로 선진경제에 진입한 성공 사례로 꼽힌다.

2010년 가을, 나는 새로 준공되어 영업을 개시한 마리나−베이−샌즈 호텔을 구경하였다. 준공된 호텔은 호텔 건축의 걸작 중의 하나로 꼽힌다. 지상 23층의 3개 동은 각각 기울기가 서로 다른데, 52도가 기울어져 있고, 지상 2백 미터 상공에 3개 동을 연결하여 스카이 파크 옥상에 수영장을 만들어 놓았다. 옥상 수영장 꼭대기에서 바라본 싱가포르 항구에는 무역선과 유조선이 쉴 새 없이 오간다. 바로 옆에는 컨테이너 부두가 바로 연결된다. 영국의 전통을 기반으로 하여 자원도 없는 좁은 땅 위에 이렇게 콤팩트하게 도시국가의 모든 기능이 작동하게끔 한 싱가포르 국가 건설은 현대의 모범으로, 싱가포르는 모두가 벤치마킹하는 나라로 변신하였다.

베트남의 고도 하노이

이 책의 주제인 바다의 실크로드에서 베트남은 중요한 길목을 차지하고 있는 나라이다. 동서 간의 교류는 육지의 실크로드 못지않게 바다의 실크로드를 통해 사람과 물자가 왕래했다. 베트남은 아시아에서 유럽으로, 또는 유럽에서 아시아로 오가는 항로 길목에 위치하고 있는 무역의 요충지이다.

베트남의 수도 하노이를 여행할 기회를 만들었다. 하노이는 지난 천 년 동안 베트남의 정치·문화의 중심지였다. 나는 이곳이 바다의 실크로드상 어떤 세계유산을 만들어냈는지를 파악하고, 아울러 실크로드의 맥락에서 베트남의 역할과 공헌을 알아보려고 했다. 또한 사회주의 통일을 일구어 낸 혁명의 수도 하노이의 오늘을 둘러보는 것도 중요한 목표 중의 하나다. 2011년 10월, 나는 수도 하노이와 인근 하롱베이 등 주요 경관 지역을 돌아보는 3박5일의 패키지 여행을 예약하여 떠났다.

『세계의 역사마을·2』에서 베트남의 문화자연유산 중에 이미 '후에 기념물군' '호이안 고읍' '마이손 힌두성지' 등 세 개의 문화유산을 소개한 바 있다. 이번 여행에서 자연유산인 하롱베이는 베트남 여행의 핵심이기 때문에 하롱 시에서 이틀이나 묵으며 돌아보겠지만, 하노이는 떠나는 날 몇 시간만 잠깐 들러볼 뿐이다. 하노이는 베트남 역사를 만들어 온 역대 왕조가 수도로 삼아 통치한 권력의 중심지였으며, 2010년 탕롱 성채가 세계문화유산으로 등재되었기 때문에 집중적으로 답사하고 싶은,

제일 오래 머물고 싶은 곳이었다. 우리를 안내한 가이드에게 탕롱 성채 방문을 주문했더니 잘 모르는 것 같았다. 작년에 등재된 유네스코 세계유산이 홍보가 덜 되었기 때문이었을 것이다.

밤에 공항 문을 나서니 한 차례 소나기가 내렸는지 길 위 여기저기에 물이 고여 있고 바람이 소슬하다. 밤이 깊었기 때문일까. 도로는 한산했다. 다낭에서는 하루살이 떼처럼 끊임없이 눈앞을 오가던 오토바이가 보이지 않는다. 미니버스에 몸을 싣고 숙소를 향하는 길도 적막하기 짝이 없었다. 밤늦게 도착한 우리는 하노이의 변두리에 있는 호텔에서 묵고, 다음날 아침 닌빈 관광에 나섰다.

닌빈은 하노이 남방에 있는 '베트남의 계림(桂林)'으로. 하롱베이는 바다 위에 솟

베트남의 세계유산

1. 후에 기념물군(Complex of HuéMonuments) : 문화유산 1993년 등재, 웅우엔 왕조 유적

2. 하롱베이(Ha Long Bay) : 자연유산 1994년 등재, 보호구역 15만 헥타르

3. 호이안 고읍(Hoi An Ancient Town) : 문화유산 1999년 등재, 17~8세기 교역항 주거지

4. 마이손 힌두성지(My Son Sanctuary) : 문화유산 1999년 등재, 참파 왕조 힌두사원유적

5. 뽕나~케방 국립공원(Phong Nha~Ke Bang National Park) : 자연유산 2003년 등재

6. 하노이 탕롱 성채(Imperial Citadel of Thang Long~Hanoi) : 문화유산 2010년 등재

7. 호 왕조 성채(Citadel of the Ho Dynasty) : 문화유산 2011년 등재

출처: 유네스코 세계유산위원회 (http://whc.unesco.org/en/list)

아난 카르스트 지형의 산들이다. 북으로는 중국 계림에서 윈난성 석림(石林)을 비롯해 필리핀까지 동남아 일대에는 광대한 지역에 걸쳐 카르스트 지형이 형성되어 있다. 카르스트 지형이란 이전에 바다 속에서 산호초에 의해 만들어진 석회암 지층이 조산활동(造山活動, Tectonic movement)에 의해 지상으로 밀려 올라온 것인데 오랜 세월 동안 빗물에 연한 토양은 씻겨 나가고 굳어진 석회암층만 남아 있는 지형이다. 지하로 스며들어 간 물은 석회암을 녹여 종유동(鐘乳洞)이나 지하 하천을 만든다. 이런 지하 동굴이나 지하 하천으로 유명한 것이 세계자연유산으로 등재된, 4억 년 전 만들어진 '퐁나-케방 국립공원'이다. 이 국립공원은 850평방킬로미터의 넓은 지역에 종유동과 지하호 그리고 지하 하천이 흘러가는 아시아에서 가장 오래된 카르스트 지형이다.

하롱베이의 연인바위.

아침 출근길 오토바이의 행렬과 뒤섞여 한참을 가다가 세 시간 걸려 닌빈에 도착하였다. 닌빈은 육지 위에 있는 카르스트 지형으로, 홍하(紅河) 하구 가까운 곳에 자리 잡고 있다. 베트남의 유명한 관광지이며, 부근에는 호아루라는 역사적 도시가 있다. 하노이 이전 968년에 탄생한 딘(丁) 왕조는 도읍을 호아루로 정했으나, 40여 년 후 리 왕조가 집권하면서 하노이로 천도한다. 호아루는 지금은 자그마한 농촌 마을로서 딘 왕조의 유적이 남아 있다는데 우리 일정에는 포함되지 않아 가 보지 못했다. 관광객을 위해 준비된 작은 배인 '삼판'을 탔다. 끝이 뾰족한 '농레' 모자를 쓴 베

〉 닌빈 경관지구.

트남 여자가 관광객을 실은 삼판을 몰고 얕은 호수 위를 다니며 한 시간가량 돌아보는 프로그램이다. 찌는 듯한 남국의 더위이지만, 물위를 노 저어 가니 그냥 견딜 만하다. 닌빈 지구는 일대를 관광자원화하기 위해 일체의 주거나 상업시설을 허용하지 않고, 제방을 수십 킬로미터 길이로 쌓아 물을 보존하고 있다. 수심은 1미터 정도로 바닥이 거의 들여다보인다. 인적이 없는 곳에 하천 동굴 비슷한 것이 생겨 신비스러운 느낌마저 준다. 이곳을 돌아보면서 나는 부지런히 사진을 찍었다. 그리고는 근처 베트남 식당에서 점심을 먹은 후 하롱베이로 향했다.

하롱베이 투어는 베트남 여행의 하이라이트다. 앞서 말한 대로 하롱베이는 바다에 돌출한 카르스트 지형으로 '하롱'은 한자로 '下龍', 즉 용이 내려온 곳이라는 뜻이다. 반면 하노이의 옛 이름 '탕롱(昇龍)'은 '용이 하늘로 올라감'을 뜻하는데, 11세기 리(Ly, 李)조가 탄생하면서 붙여진 이름이다. 하롱베이 내에는 대소 2천 개에 가까운 섬들이 있는데 서쪽에 있는 섬들이 크고 아름다운 편이다. 앞에서도 말했지만, 하롱베이는 산호초가 지구의 조산활동으로 밀고 올라와 흙은 비에 씻기고 석회암만 남은 것인데, 바다에 있다 보니 때때로 거대한 파도가 옆을 치면서 많은 동굴도 생겼다. 하롱베이의 섬들 중에는 동굴을 가지고 있는 섬들이 여러 개가 있는데, 그중 가장 웅장한 곳은 길이가 2킬로미터나 되는 곳도 있다. 항티엔꿍(Hang Thien Cung) 동굴은 관광객에게 유료로 개방된 해발 50미터 높이의 동굴로, 안에 들어가면 커다란

하롱베이.

종유석을 볼 수 있다.

하롱베이 관광선이 떠나는 하롱시 부두에는 수백 척의 관광선이 장관을 이룬다. 전형적인 하롱베이 관광은 관광선을 타고 유람하면서 배 위에서 식사하고 도중에 몇 군데에 내려 관광하는 것이 보통인데, 시간 여유가 많은 관광객은 2-3일 선상에 유숙하면서 샅샅이 보고 관광할 수도 있다. 하롱베이 안에는 아직 수상생활을 하는 어촌이 있고, 어부들은 잡은 고기를 가두리에 가두어 놓고 팔거나 작은 쪽배를 타고 관광선에 접근하여 생선과 해산물을 사라고 호객한다. 우리 일행은 여행사가 미리 수배해 놓은 티엔안 호를 타고 5시간가량 배에서 보내면서, 가두리에서 산 새우와 생선으로 배의 쉐프가 요리해 주는 점심을 먹고, 섬에도 상륙해 보고, 마지막으로 항띠엔꿍 종유굴도 돌아보았다.

항띠엔꿍 종유굴.

2일 동안 이런 일정으로 관광지를 돌아보다가 3일째 되는 날은 귀국하는 항공편이 밤이었으므로 아침에 하롱베이를 떠나 낮에 하노이에 돌아왔다. 여행사가 안내하는 곳을 다니다 보니 베트남 사람들과 접할 기회가 거의 없었고 생활상을 알아볼 기회도, 사람들의 주거공간을 들여다볼 기회도 없었다. 한국에서 여행사 패키지로 베트남을 여행할 경우 아침식사는 호텔 뷔페를 먹고 점심 저녁은 손쉽게 한국식당으로 안내하기 때문에 베트남식 요리를 접해 볼 기회도 마땅치 않았다. 오고 가는 길에 스쳐 가는 도시와 농촌 풍경만이 유일하게 베트남을 느낄 수 있는 기회였다.

차창에서 본 민가 스타일은 개량식 주거와, 더러는 오래된 토간식(土間式, 주거공간에 신을 신은 채 들어가는 형태의 주거) 주거만 보일 뿐 남방 특유의 고상식(高床式) 주거 형태는 전혀 보질 못했다. 나중에 조사해서 안 것이지만, 남부 호치민에서 프놈펜으로 육로를 통해 이동하다 보면, 베트남 국경을 넘어가기 전까지는 월남 사

위, 베트남의 전통 건축 형태.
아래, 베트남 신흥도시 주택의 성냥갑 같은 형태.

람들의 농촌 주거가 대부분 토간식이거나 현대 절충식 주거라고 한다. 하지만 일단 국경을 넘어서면 캄보디아 농촌에서는 고상식 민가를 볼 수 있다는 것이다. 이것은 분명 캄보디아는 아직 전통적인 동남아시아식 주거 형태를 유지하고 있는 반면, 문화적으로 중국의 영향을 많이 받은 베트남은 토간식 주거 형태가 대세였는지도 모른다. 원래 베트남 민족은 남부 중국에서 이주해 온 사람들이고, 그것도 지난 3~4백 년 사이의 일이니 받아들이지 않은 것일지도 모른다. 유난히 눈에 띄는 주택 건물은 도시 지역과 근교 타운 할 것 없이 성냥갑을 세워 놓은 듯한 건물의 형태였다. 주로 도로에 접하여 건물을 지을 경우 도로에 면한 부분은 아주 협소한 데(주택은 5~6미터, 상업용도 10미터를 넘지 않음) 반하여 도로 후면으로는 상당히 길쭉하게 뻗어 있다는 사실이다. 복수 층의 건물인 경우 엘리베이터가 들어설 공간도 부족하지 않을까 생각되었다. 안내하던 현지 가이드에게 물어보았더니 그의 대답은 "사회주의 국가인 베트남에서는 도로에 면한 부분을 좁게 하여 되도록 많은 사람에게 건물을 지을 수 있도록 하기 위함"이라고 한다.

떠나는 날 오후, 우리에게 하노이 관광 기회가 주어졌다. 하노이는 베트남·캄보디아·라오스 세 나라가 프랑스 식민지 시절 프랑스령 인도차이나의 행정수도였기 때문에 호안키엠 호수를 중심으로 하는 구시가지에 프랑스 식민지 시절부터 들어선 유럽풍의 공공건축이 많이 눈에 띄었다. 또한 중국 지배로부터 독립한 리(Ly)조의 왕도로서 탕롱(昇龍)이라고도 불렸다. 리 왕조의 시조를 리타이토(Ly Thai To, 李太祖)라고 부른다. 우리 조선왕조의 시조를 부르는 것과 똑같다. 호안키엠 호숫가를 지나는 시가지와 가로에는 울창한 남국의 수목 사이를 오토바이가 질주한다.

우리 세대는 20세기 중반 프랑스 식민지로부터의 인도차이나 해방전쟁과 그 후 남북월남 전쟁, 월남의 멸망과 사회주의 베트남으로의 통일전쟁을 생생하게 기억하고 있다. 인도차이나 해방전쟁에서 프랑스가 호치민이 이끄는 월맹군에게 현재의 라오스 영내의 디엔비엔푸를 함락당하고 루앙프라방까지 뺏긴 후, 미국이 공산주의 게릴라 전쟁에 대신 뛰어들면서 남북 베트남 사이의 전쟁으로 변모하였다. 미국의 대대적인 개입과 다국적 군대의 대항전이란 명분 하에 미국의 요청으로 우리나라는 맹호사단과 백마사단 그리고 청룡해병여단 등 3개 사단의 병력을 파병하게 된다. 덕분에 우리나라는 월남 특수를 누리기는 했지만, 이 전쟁은 20년을 끈 끝에 남부 월남이 비극적으로 패망하는 것으로 끝나고 말았다. 1974년 4월 30일 미국 대사관 옥상에서 헬리콥터로 철수하는 사이공 함락 최후의 날을 생생하게 기억하는 우리로서는 남다른 관심사가 아닐 수 없다. 그만큼 현대사에 있어 베트남의 위치는 막중한 것이며, 베트남전쟁에서 보인 저항정신은 민족의 상징이 될 만큼 놀라운 민족이다. 베트남을 빼놓고 동남아시아를 이야기할 수 없으며, 혁명의 수도 하노이를 빼놓고 베트남을 이야기할 수 없을 것이다.

위. 오토바이가 질주하는 도로.
아래. 호치민의 시신이 안치되어 있는 영묘.

호치민이 그려져 있는 광고판.

베트남 사람들은 호치민을 국부로 모시고 존경한다. 그의 시신은 시내 중심부에 있는 바딘 광장에 우뚝 세운 영묘(靈廟, 건물의 높이는 21.6미터, 폭이 41미터)에 안치되어 있으며 항상 군 의장대가 그의 시신과 주변에 보초를 선다. 우리가 바딘 광장에 갔을 때는 시신의 보존 처리를 위해 러시아로 후송되었으며, 휴관중이어서 입장하지 못했다. 호치민은 유언에서 매장하지 말고 화장해 달라고 했다는데 그의 의사에 반하여 영묘가 만들어지고 누워 있는 자세로 방부 처리되어 내외국인에게 공개되고 있는 것이다. 전 세계에서 시신을 매장 처리하지 않고 방부 처리하여 보존(embalming−혈관에 방부제를 주사하는 방법)하는 몇 사람 중의 하나(레닌, 스탈린, 마오쩌둥, 김일성, 김정일도 방부처리 보존되고 있음)인데 보존 처리 때문에 러시아로 보낸다니 보존비용도 많이 들 것 같다. 과연 언제까지 이렇게 보존할 수 있을까? 사회주의 정권이 존속하는 한 국가가 책임지겠지만, 그 후는 어찌 될 것인가?

부근에 있는 주석궁과 호숫가의 호치민 주상(柱床)가옥 같은 주석 관저를 둘러보았다. 입구 바로 앞에 서양식 주석궁이 있는데, 주석궁은 식민지 시절의 총독부라고 한다. 전쟁을 승리로 이끌어 온 호치민은 국빈을 영접하는 일을 제외하고는 항상 호

수 저편에 있는 주상가옥에서 집무하고 생활하였다고 한다. 2
층에 방이 2개인 건물인데, 하나는 침실, 또 하나는 서재로 썼
다. 아래층 바로 옆에는 방공호로 이어지는 회의실도 있다.
그의 침실에는 조그만 침대 하나, 집무실엔 책상 하나뿐이다.
색 바랜 노동복에 왜소한 체구, 마른 발엔 언제나 낡은 타이
어를 잘라 만든 샌들을 신고 있던 그의 모습을 연상시키는 아

호치민 주석의 관저로 쓰였던 주상가옥.

주 소박한 관저이다. 평생을 낮은 자의 모습으로 서민들과 친
근하게 살았고 매우 검소한 생활을 하였음을 직접 목격할 수
있었다. 그래서 국민들은 호치민을 친근하게 '호 아저씨'라고
부른다. 약소국 베트남의 50년 투쟁을 이끈 '통일영웅' 호치민의 인간상이다. 북한의
김씨 왕조와는 너무나 다른 모습이다.

　베트남은 국세가 만만치 않은 대국이다. 북귀 8도에서 24도까지 펼쳐져 있는 베트
남의 면적은 33만 평방킬로미터, 해안선의 길이가 3천 444킬로미터이며, 인구 9천만
의 대국이다. 그러나 우리나라와 마찬가지로 오랫동안 중국의 지배를 받아 왔다. 베
트남 민족은 중국 고전에 나오는 백월(百越)의 한 지파로, 남부 중국과 홍하 근처에
퍼져 살던 사람들이 한족의 팽창에 밀려 점차 남하하여 오늘날의 베트남 민족을 형
성하였다. 월남(또는 베트남)이란 단어는 한자 월(越)로부터 유래하는데, 월(越)족은

중국 역사상의 춘주전국시대 (기원전 770-220) 양츠강 이남과 베트남 북부에 널리 퍼져 살던 다양한 민족 집단을 일컫는다. 손자(孫子)의 병서에 나오는 고사성어 '오월동주(吳越同舟)'의 '월(우월(于越)이라고도 함)'은 춘추전국시대의 민족 집단 가운데 하나로, 오월(吳越)이 경쟁하다가 국운이 쇠퇴하여 기원전 334년 초나라에 멸망당했다. 기원전 200년 무렵 중국 남부 광저우를 중심으로 일어난 남월(南越)이 전한(前漢)에 의해 베트남 북부로 밀려났다.

역사 이래 북부 월남은 교지(交址), 안남(安南) 등으로 불려왔는데, 월남은 한무제의 침공을 받아 기원전 214년, 한의 군(郡)으로 중국의 지배를 받으며 안남도호부(安南都護府)가 설치되어 이후 약 천 년 동안 중국의 식민지가 되었다. 한의 지배를 받은 지역에서 월남 사람들의 봉기가 끊임없이 이어져 왔다는데 운이 없었던 모양이다. 우리는 일찌감치 한사군을 밀어 버리고 고구려 때 마지막 한사군이었던 낙랑을 밀어냈는데, 베트남은 10세기 리(李)왕조가 들어서면서 비로소 한사군(漢四郡)을 밀어낸다.

당이 멸망하는 9세기 말, 지도자 응우옌 치엔(吳權)이 봉기하여 중국의 지배를 벗어나려 했는데, 12명의 토호군웅(土豪群雄)이 활거하여 혼란을 겪다가 리콩완(Lý Công Uẩn, 李公蘊)이 다이비에트(Tai Viet, 大越)를 세우면서 리(Ly, 李)조가 생겨나 중국의 지배에서 벗어났다. 리콩완을 리타이토(Lý Thái Tổ)라 부르는데 우리나라 조

위·아래, 하노이 탕롱 성채.

〈 하노이에 있는 탕롱 성채.

선왕조 시조 이성계와 마찬가지로 이태조(李太祖)를 의미한다. 이때부터 역대 왕조는 역대 중국 왕조에 복속하는 느슨한 속국관계로 중국과의 관계를 유지한다. 하노이에 있는 탕롱(Thang Long, 昇龍) 성채는 리타이토(리콩완)가 축조하기 시작한 다이비에트(大越)의 성곽유적이다. 역대 왕조는 이후부터 점차 남진하여 세력을 확대해 나갔다. 우리나라 고려와 달리 13세기 몽골(원) 쿠부라이 칸의 세 차례에 걸친 침략(1257, 1284, 1288)을 슬기롭게 피하였고, 제3차 침공 시는 쩐흥다오(Trần Hưng Đạo) 장군이 이끄는 다이비에트 군이 지형이 서툴고 습지가 많은 반돈 강 전투에서 몽골군을 대패시켰으나, 원(元)의 우위를 인정하고 복속 관계를 성립하여 유지하게 된다. 베트남은 이후 치세에 이렇다 할 업적을 남기는 제왕이 나타나지 않다가, 15세기 명나라에 점령을 당한다(1406-1428).

2010년 세계문화유산으로 등재된 탕롱 성채를 둘러보았다. 바딘 광장과 국방부 건물 사이에 있는 면적 4만 7천 평방미터의 그리 넓지 않은 문화유적이다. 성채는 11세기 리타이토가 세운 왕궁으로 이후 천 년 가까이 응우옌 왕조가 왕도를 후에로 옮기기 전까지 베트남 권력의 중심이었다. 19세기 프랑스 식민지 총독부가 바로 옆자리에 들어서서 베트남 왕조가 세운 국기게양탑을 식민지배의 상징탑으로 사용했다. 월맹이 독립하고 30여 년간 월남전쟁을 치룬 전쟁지도부가 자리했던 곳도 이곳이다. 지금 남아 있는 유적은 몇 개의 석축물이 연병장 같은 대지 위에 남아 있을 뿐이며 바딘 광장 쪽에서는 발굴이 진행중이다. 세계유산으로서는 잔존 유적이 어딘가 초라한 느낌을 갖게 한다. 등재 조건으로 따지는 완전성(integrity)과 진정성(authenticity)을 어떻게 충족시켰는지 궁금하다. 세계유산으로 등재가 추진되기 전까지 이곳은 국방부가 사용하던 시설로 일반인의 출입이 금지되었던 곳이었다고 한다. 일단 세계유산으로 등재된 후부터 일반에 무료로 공개되고 있다.

하노이는 베트남 마지막 왕조인 응우옌조(阮朝, 1802-1945)가 후에로 천도하기까지 베트남의 통치 중심지였다. 중부를 지배하고 있던 응우옌가(阮家) 세력과 북부 탕롱(昇龍, 현재의 하노이) 지역을 지배하고 있던 찐가(鄭家) 세력이 다투면서 베트남 전역이 혼돈에 휩싸였는데 이를 평정한 후, 지리적으로 베트남의 중앙에 위치하여 집권에 유리하며 북부에 기반을 둔 구세력을 약화시킬 수 있다고 판단하여 이곳에 도읍을 정했다는 것이다.

응우옌 왕조는 후에에서 143년간 13명의 황제를 배출한다. 응우옌 왕조는 태국 왕조가 미얀마의 침입으로 혼란에 빠져 캄보디아를 돌보지 못하자 캄보디아를 공격하여 메콩 강 지류를 포함하는 전 영역을 할양받았다. 농민들을 이주시키고 자기가 원하는 지역에 정착하여 새로운 농지를 개간하였다. 이리하여 1세기 만에 베트남인은 캄보디아의 해변지대를 손에 넣고 그 세력은 태국 만에까지 이르게 되었다.

베트남 해안은 바다 실크로드의 한 거점이었다. 베트남 지역을 경유하지 않고서

베트남 중부 다낭시 남동의 참파 유적지.

는 다다를 수 없는 요충지에 자리하고 있는 것이다. 『왕오천축국전(往五天竺國傳)』을 남긴 신라의 고승 혜초가 인도에 갈 때에는 바닷길로 동남아시아를 거쳐 인도에 들어갔고, 『동방견문록』을 남긴 마르코 폴로는 베네치아로 돌아가기 위해 인도차이나 반도와 인도양, 그리고 아라비아 반도로 이어지는 해상 루트를 이용한다. 이슬람 제국에서 해로를 통하여 중국의 광저우까지 상인이 들락날락하였다지만 중간 기항지에서 휴식과 보급품의 충당 없이는 계속적인 항해가 불가능하다. 광저우와 말라카 해협의 중간쯤에 위치한 '참파'는 중국과 인도 및 이슬람 나라들과 교역하기 아주 좋은 위치에 있었던 것이다. 참파 왕조는 1428년 북부에서 밀고 내려온 월남 레(黎)

베트남 참파왕국 유적과 유물.

왕조에 의해 멸망하여 역사 속으로 사라지고 말았다. 왕조가 멸망한 후 잊히고 남겨
진 문화재를 돌보지 않아 거의 파괴되었고, 남은 유적마저 풀만 무성하다.

　　베트남 북부가 천 년 동안 한조의 지배를 받아 온 것과는 대조적으로 중부 베트남
에는 오늘날의 후에와 광남성 일대에 항구도시 연합국으로 생각되는 비 베트남 민
족 참파왕국이 번창하면서 15세기까지 지속되었다(『세계의 역사마을·2』, p. 231).
참파왕국은 천연의 요새 하이번 산지를 국경으로 삼아 한의 점령 세력과 대치하면
서 후한(後漢)이 쇠락할 때에는 통킨 지역을 지속적으로 괴롭혔다.

중부 베트남에서 일어났던 참파왕국은 2세기 말 독립하여 15세기까지 존속하였던 힌두 왕국으로, 서아시아와 동남아시아 및 중국을 연결하는 중계무역으로 많은 부를 축적하고 번창하였다. 동남아시아에 일찍부터 영향을 끼친 인도 문화의 영향으로 힌두교를 주로 믿었으나 불교와 토착신이 뒤섞인 문화를 만들어 냈다. 다낭의 서쪽 40킬로미터 지점 산간 지방에 미선 힌두교 사원을 비롯하여 중부 월남에 다수의 유적을 남겨 놓았다. 미선 유적은 1999년 유네스코의 세계문화유산으로 등재되었다. 미선 유적은 4세기 후반 건립하기 시작하여 13세기까지 거의 천 년에 걸쳐 70개 이상의 탑이 건립된 인도차이나 반도에 있는 보기 드문 힌두교 유적이다. 탑 돌은 붉은 벽돌을 쌓아 올렸는데 시멘트 같은 접착제는 사용하지 않고 식물성 풀을 사용한 것으로 알려지고 있다. 탑에 사용한 벽돌엔 춤추는 여자 또는 풀잎 모양 등이 부각되어 있는데 이는 벽돌을 굽기 전이나 세우기 전에 조각한 것이 아니라 건물을 짓고 난 후에 시공한 것이라고 한다.

　　다낭 시에는 참족의 유물박물관이 있어 참족 문화의 한 부분을 엿볼 수 있다. 참족은 13세기경 이슬람을 받아들인 지금은 잊혀져 가는 베트남과 캄보디아의 소수민족이다. 베트남 전쟁이 한창이던 1963년 피억압민족통일전선 등과 같은 저항운동이 일어나 독립을 목표로 게릴라전도 감행하였는데, 최종적으로 1995년 투항하였다. 참파왕국은 2세기 말 독립하여 15세기까지 존속하던 왕국으로 서아시아와 동남아시아 및 중국을 연결하는 중계무역으로 번창하였다. 인도문화의 영향으로 힌두교를 주로 믿었으나 불교와 토착신앙이 뒤섞인 문화를 만들어 냈다. 미선 유적은 4세기 후반 건립하기 시작하여 13세기까지 거의 천 년에 걸쳐 70개 이상의 탑이 건립되어 인도차이나 반도에 있는 드문 힌두교 유적이다.

중부에 응우옌 왕조가 들어선 것은 1558년이며, 왕조는 1777년까지 지속되다 한때 타이손(Tay Son) 정권에 빼앗겼다. 그러다가 19세기에 들어서는 1802년, 응우옌 푹아인(阮福映, 재위 1802-1819)이 응우옌 왕조(阮朝, 1802-1945)를 다시 세우고 새로운 왕조의 이름으로는 베트남(越南)이라고 이름 짓고는, 후에를 도읍으로 정한다. 응우옌 왕조는 북부의 하노이 지역을 지배하고 있던 딘(丁) 왕조를 멸망시킨 뒤 탕롱에 기반을 둔 구세력을 약화시키기 위하여 이곳에 도읍을 옮긴 것이다. 응우옌 왕조는 1885년 프랑스의 식민지가 될 때까지 존속한다.

베트남 민족이 지금의 남부 베트남 호치민과 메콩 델타를 차지하게 된 것은 비교적 근래의 일이다. 구옌 왕조는 참파왕국과 대치, 전쟁과 회유를 구사하여 참파왕국을 서쪽의 산 쪽으로 밀어내고 계속 남하한다. 16세기 이후의 베트남 역사는 남진의 역사로서 특징을 지닌다고 할 수 있다. 즉 농업 이주를 근간으로 하여 수의 힘으로 인접에 사는 인구 집단을 압도하고 쟁취하는 방식이었다. 사이공은 원래 크메르인의 영토였는데, 1698년 캄보디아로부터 약취한 것이라고 한다. 기름진 곡창지대인

후에구엔 왕조의 종묘 내부(위)와 전경(오른쪽).

메콩 델타에는 캄보디아의 전신 부남(扶南)의 유구인 오케오 유적이 있다.

베트남은 19세기 프랑스의 지배를 받으면서 다시 백 년 동안 이민족 지배하의 식민지가 되었고, 1945년부터 월남전쟁을 거쳐 1974년 통일을 이룬다. 이와 같이 좋든 싫든 중국과의 오랜 관계로 말미암아 우리나라와 마찬가지로 중국으로부터의 문화 전수가 지금 베트남의 문화를 형성하는 데 자연히 크게 작용하였다. 베트남어의 발음은 어딘가 중국어와 타이어를 뒤섞은 듯한 느낌을 주는데, 언어학적으로 베트남어는 오스트로아시아계로 분류된다. 어순도 중국어와 같아서 중국어를 하는 사람은 베트남어를 쉽게 배울 수 있다고 한다. 베트남어 표현의 대부분이 한자(漢字)로부터 유래하여 우리나라에서 쓰고 있는 한자 표현 단어와 발음은 다르나 많은 단어가 유사한 것이 많다.

베트남에서는 90년 전 프랑스 신부가 고안한 알파벳을 사용하여 베트남어를 표현하는데 베트남어는 6성조를 가지고 발음하는 것이 특색이다. 종교도 다른 동남아 지역과 달리 우리나라와 같은 대승불교를 믿고 있으며, 역대의 베트남 왕조는 과거제에 의하여 벼슬할 사람을 뽑는 등 중국 문화의 영향을 짙게 받았다.

베트남 통일전쟁에 우리나라는 미국의 요청으로 패망한 반대편 월남공화국에 서서 깊숙이 참전하였다. 그러나 베트남은 예전의 적을 용서하고 화해하여 우리나라, 미국과 외교관계를 맺고 경제협력을 수용하는 관계로 발전시켰다. 월남 사람들의 아량을 다시 한 번 생각해 본다.

지금 우리나라에서 산업근로자로서 일하는 사람들과 외국인 신부 중 가장 많은 수가 베트남에서 들어오고 있는 현실을 보면서 여러 가지 생각을 하게 한다. 사실 베트남 사람들의 한국 이주는 요즘 와서 시작된 것이 아니다. 화산(花山) 이씨와 정선(旌善) 이씨는 고려시대, 즉 13세기 초 월남에서 이주해 온 왕족이 시조라는 설이

〉현대화하는 베트남 시가.

학계와 언론계에선 모두 인정하는 사실이며, 이중에 화산 이씨의 시조인 이용상은 리 왕조의 왕자 리롱뜨옹(Ly Long Tuong)이 한반도로 망명해서 창시한 사실이 우리나라와 베트남에서 모두 밝혀졌다.

이 밖에도 조선시대에 들어와서는 베트남과의 인적 교류가 산발적으로 일어났다. 조선인이 일본에 가다가 표류하여 베트남으로 갔다가 다시 조선 땅으로 되돌아온 사례가 있으며, 베트남 사람이 일본에 왔다가 표류하여 조선으로 와서 조선 관리들에 의하여 죽임을 당한 사례도 있다.

최근에 들어 베트남은 우리에게 바짝 다가오고 있는 나라다. 90년대 후반 처음 개방되고 여행이 자유로웠을 때는 70년대 공산화 이후 그 많던 보트피플이 어떻게 공산사회주의 정권의 억압과 질곡을 견디어 냈을까 하는 호기심이 없지 않았다. 이번에 본 베트남 사람들은 우리들과 별로 다른 점이 없고, 문화적 전통이 비슷한 우리 이웃임을 느낄 수 있었다.

동남아시아 도서부

동남아시아는 지형적으로 편의상 대륙부와 도서부로 나눈다. 대륙부는 인도차이나 3국과 타이, 말레이시아 및 미얀마를 포함하며, 도서부는 화산섬이 줄을 이어 수마트라에서 자바를 거쳐 일련의 열도가 필리핀까지 이어진다. 동남아시아는 현재 아세안(ASEAN) 10개국으로 구성되는데 대륙부의 나라가 베트남·캄보디아·라오스·태국·미얀마이고, 도서부를 이루는 나라가 인도네시아·말레이시아·필리핀·싱가포르·브루나이의 5개국이다.

동남아시아 특히 말레이시아와 인도네시아는 바다의 실크로드를 거쳐 가지 않으면 안 되는 길목에 있다. 중국 동남해안의 취안저우, 광저우와 같은 곳에서 남지나해를 하행하여 싱가포르 근처에서 좁은 말라카 해협을 통과하고 인도양으로 나아가면 스리랑카와 인도 해안에 이른다. 아랍과 페르시아 상인은 지중해에서 육로로 아라비아 반도를 거친 후 인도양에서 바로 인도로 무역을 했다. 15세기 오스만 터키제국이 중동과 지중해를 차지하자 유럽 나라들은 아프리카 남단을 돌아 인도양에 이르는 항로를 개척해 아시아로 진출했다. 이렇게 이어진 바닷길은 인류 역사상 가장 중요한 교역로가 되었다. 지금은 말라카 해협을 거쳐 중동 원유를 동북아시아로 수송하고 있다.

2011년 8월 교회의 의료선교단의 일원으로 자카르타와 자바 섬의 중부 스마랑을

진료 봉사를 받기 위해 온 자바 섬의 주민들.

여행하면서, 자바의 대표적인 문화유산인 보로부두르 불교사원, 프람바난 유적을 둘러볼 기회를 가졌다. 이어 방콕과 피낭, 콸라룸푸르를 돌아보았다. 나는 『세계의 역사마을·3』의 주제를 '바다의 실크로드'로 정하고, 내가 한두 해 사이에 여행이 가능한 지역으로 중국 화남지방과 베트남, 태국, 말레이시아, 인도네시아를 상정하고 준비했다. 자료수집 여행 일정을 어떻게 짤 것인가 궁리하다가 콸라룸푸르를 경유지로 하는 일정을 마련했다. 그리하여 귀국길에 자바 수라카르타(솔로)에서 콸라룸푸르를 경유해 항공편으로 방콕으로 날아간 다음 타이-말레이시아 국제철도를 이용하여 콸라룸푸르까지 기차로 되돌아오는 여행 일정이 완성됐다. 이렇게 하면 기차로 국경을 지나면서 연도 풍경도 보며 피낭에도 들를 수 있다.

이번 인도네시아 여행은 이 커다란 나라의 일부인 자바 섬, 그것도 자카르타와 중부 세마랑 쪽 일원을 둘러보는 정도이기 때문에 나의 자료는 극히 빈약할 것이다. 자카르타에서는 짬을 내어 인도네시아 식민지 시대의 역사를 살펴보고, 중부 지역에서는 보로부두르 사원과 프람바난 힌두사원을 취재·촬영하면서, 세마랑 일대 사람들의 삶을 기록하는 것으로 만족할 수밖에 없을 것 같다. 나는 반나절 남짓한 여유로운 시간을 자카르타의 구시가지를 돌아보는 데 쓰기로 했다.

인도네시아는 지리적으로 적도를 중심으로 인도양과 태평양 사이 5,120킬로미터, 남북으로는 1,900 킬로미터에 이르는 광활한 지역에 걸쳐 있으며, 동남아시아의 도서부 1만 7천 개 이상의 섬으로 구성되어 있다. 총면적 190만 평방킬로미터(한반도의 9배, 대한민국의 20배)의 영토를 보유하는 영토 대국이기도 하다. 천연자원도 풍부하여 고무·원목·가스·구리·석유 등 막대한 자원을 보유하고 있어 성장 잠재력이 무한한 나라이다. 인구는 2억3천만 명으로 세계 4위의 인구대국인데 민족만도 3백 가지, 언어만도 7백 개 이상의 다민족·다문화 국가이다. 이중에서도 자바 섬의 인구는 1억3천만 명으로, 전체 인구의 60퍼센트 이상을 차지하며 자바에는 다시 자바족이 약 1억 명으로 동부를 제외한 전 자바 섬에, 순다족은 약 3천만 명으로 자바 섬 동부에 살고 있다.

자바 섬은 예로부터 농경이 가능하고 물산이 풍부하여 많은 인구가 조밀하게 사는, 열대 지방에는 드문 넓은 농경지가 있다. 인도네시아의 종교는 87퍼센트가 이슬람교를 믿으며, 기독교(개신교)가 6퍼센트이고, 발리 섬 주민들은 모두가 힌두교를 믿는다. 수도인 자카르타는 인구 1천2백만 명의 대도시인데, 자카르타로 불리기 전에 네덜란드 식민지 시절에는 '바타비아'로 일컬어져 왔다.

인도네시아와 말레이시아가 각각 영토화한 보르네오 섬의 국경선처럼 식민 지배 흔적을 극명하게 설명해 주는 사례는 없을 것이다. 보르네오 섬은 작은 회교왕국 브루나이, 말레이시아와 인도네시아가 공유한다. 19세기 유럽 식민세력이 이 지역에 진출하면서 경합하던 나라들이 정략적인 목적과 경제적 관점에서 협상하여 광범위

위·오른쪽, 바타비아 시절의 건물이 있는 자카르타 시가.

한 지역을 인위 분할·차지하였다. 원래 보르네오 섬은 술탄 부루나이의 해안 항시(港市)로서 연안을 따라 이를 통제하던 해상무역국가였는데, 울창한 정글과 고산지대가 가로막아 내륙으로는 진출하지 못했다. 왕국의 힘이 쇠락하면서 유럽 식민세력들이 진출·점령하고 섬의 거의 대부분을 식민지로 내줄 수밖에 없었다. 부루나이 자체도 1888년 왕실의 존속을 인정하면서 영국의 보호령이 되어 1백 년간 지속되었다. 브루나이는 면적이 불과 580평방킬로미터에, 인구 40만 명 정도의 소국인데 국토가 둘로 분리되어 있어 양쪽을 오갈 때는 반드시 말레이시아의 땅을 밟고 출입국 수속을 해야만 가능하다.

보르네오 북쪽 지방에는 인종적으로 희귀한 디야가(Dyakas)족, 이반(Iban)족이 주로 강가에 주상식(柱床式) 공동주택(아파트)을 짓고 살았는데, 한 건물에 20세대 정도 살고 각 세대 앞에는 넓은 홀 또는 베란다 같은 공간이 거실과 공동체의 공회당 같은 역할을 한다. 필자는 2002년 12월 말레이시아 사라와크주 미리(Miri)에서 멀지 않은 니야(Niah) 국립공원의 동굴을 찾아갔다가 이반족 가정에서 민박하고 돌아온 일이 있다. 브루나이 해안에서는 석유가 무진장으로 나와서, 이 나라에서는 모든 국민이 세금 한 푼 안 내도 되고, 교육과 의료가 모두 국가의 복지예산으로 충당된다. 그야말로 지상낙원 같은 나라이다. (『세계의 역사마을·1』, pp. 136–141)

영국과 네덜란드는 보르네오 섬을 나누어 개발과 착취를 진행하였다. 보르네오

자바 사람들.

섬은 면적이 자그마치 75만 5천 평방킬로미터로, 세계에서 세 번째로 큰 섬이다. 북부 지역은 사라와크, 사바 등 영국 보호령으로, 남부는 네덜란드령으로 나뉘었다. 이곳을 인도네시아에서는 '칼리만탄'이라고 부른다고 한다.

제2차 세계대전 이후 동남아시아에 탄생한 아세안 10개국의 국경은 독립할 당시, 구식민국이 관할하던 국경을 고스란히 물려받았다. 보르네오는 울창한 산림이 꽉 들어차 있어서 아시아의 허파라고 할 만한 곳인데 요즘 개발이 한창이어서 산림이 점점 없어지는 것은 안타까운 일이다. 우리나라가 보르네오 산림 조성사업을 돕고 있다고 한다. 그런데 1960년대 외국에서 취재하러 온 기자에게 우리 정부는 '산업발전상'과 '고유문화'를 보여주기 위한 모델 코스를 개발했는데, 경주-울산-부산을 잇는 코스를 제일 많이 이용했다. 부산에 가면 항상 동명목재공장을 찾아갔다. 원목을 수입하여 물에 담갔다가 말리고 얇게 슬라이스해서 접착제를 붙여 합판을 생산하던 이 공장을 소개하면서 공업화되어 가고 있는 한국이라고 자랑스럽게 말하던 것이 기억이 난다. 이곳의 원목은 모두 칼리만탄에서 들여온 것이다.

식민국가가 획정한 국경은 나중에 신생국가의 국경이 되었지만, 국가통합에 필요한 말(언어)이 없었다. 인도네시아는 독립하고 난 후, 파푸아뉴기니의 동부까지 영토가 확장되었으나 국가를 통합할 수 있는 언어가 없었다. 그래서 인도네시아는 1948년 독립 이후 방대한 다민족 국가를 통합하기 위해 국어를 새로 만들어 전 인도네시아에 보급했다. 인도네시아 국어는 '바하사 인도네시아(Bahasa Indonesia)'라고 불리는데 말레이 반도와 수마트라 도서 지역의 방언을 근거로 하여 발전시킨 일종의 크레올어(Creole language)에 해당한다. 크레올어란 이민 집단에 의하여 생긴 인위적인 인조어인데 언어가 다른 구성원이 의사소통을 위하여 각 집단이 표현하기 쉬운 어휘를 추출하여 서로 소통하다 보면 제3의 언어를 만들어 내게 되고 시간이 흐르면 자연스럽게 다듬어져서 하나의 느슨한 문법체계를 갖춘 언어가 탄생하게 되는 사례를 일컫는다. '바하사 인도네시아'는 지속적인 국가적 노력으로 인도네시아 국가(민족)의 정체성 확립 및 국가통합에 성공했다. 이들은 말레이어와 마찬가지로 라틴문자를 사용하여 언어를 표기한다. 그렇지만 자바에 사는 순다민족이나 자바족은 사석에서는 자기네 말로 소통한다고 한다.

신석기 시대에 아시아 본토에 정착하여 살던 일단의 민족은 동남아시아 방면으로 이동하였다. 그들은 아시아 3대 하천이 조성한 협곡과 계곡을 따라 남하하였을 것이다. 이들이 민족적으로 현재 동남아시아 민족의 시조가 되는 인도 말레 또는 오스트로네시아(Austronesia)족이다. 기원전 1500–200년경에는 더 많은 수의 무리가 남쪽으로 이동하여 동남아시아 해안 지방의 비옥한 토지 지역에 정착하여 살게 되었다. 이들은 석기를 이용하여 농경을 할 줄 알았으며 또한 집을 짓고 가축을 기르는 씨족 공동체의 생활을 하였음이 고고학 발굴로 밝혀졌다. 일찍이 항해술에 능숙했던 이

환하게 웃는 자카르타의 촌부.

들은 말레이 반도를 비롯하여 인도네시아 군도 각지에 정착할 수 있었다. 따라서 인도네시아 군도에 이주해 온 민족의 후손들은 서기 150년경부터는 대륙에서부터 청동기 및 철기문화가 수입되어 농경을 주업으로 하면서, 발달한 항해술을 이용, 무역에 종사하여 경제적으로 부를 누릴 수 있게 됨으로써 지배자가 등장하는 소왕국의 형태가 나타났다.

동남아시아는 '인도차이나' '인도네시아'라는 지명이 암시하는 바와 같이, 인도와 중국의 영향력이 상충하거나 교차하는 곳으로, 인도와 중국의 문화에서 깊은 영향을 받았다. 많은 수의 중국 화교와 인도 이민자가 널리 분포되어 있으면서 역사 이래 이곳의 역사·문화·사회 형성에 기여해 왔다. 도서부의 여러 나라는 지리적인 근사성으로 인하여 많은 요소에서 '인도화(印度化)'되는 과정을 겪었다. '인도네시아'라는 어휘는 '인도의 섬(Nesos)'이라는 뜻으로 인도문화 접촉의 정도를 대변한다고 할 수 있다. 인도네시아는 12세기 이슬람화되기 전까지 인도의 힌두교와 불교의 영향을 차례로 받았는데, 불교는 쇠락하였지만 현재도 발리섬 주민들은 힌두교를 주로 믿는다.

네덜란드가 영국과 경합하는 가운데 포르투갈을 무력으로 제치고 말라카를 점령하며 인도네시아에 식민지 개척에 성공한다. 네덜란드는 1619년 바다에 임하여 해운 무역이 손쉬운 자카르타를 '바타비아'로 개명하고 '네덜란드 동인도회사(Vereengde Ostindie Compagnie-VOC)'를 설립하여 바타비아를 중심으로 무역을 통해 번창한다. 자바 중부의 마타람 술탄은 동인도회사에 몇 번 공격을 시도해 보지만 실패로 끝나고 네덜란드의 지배는 공고하게 되었다. 향료는 원래 중세 십자군이 중동과 비잔틴 파견을 나갔다가 돌아오면서 처음 유럽에 소개하였는데, 주요 원산지는 동남아시아의 수마트라와 반다 해 일대의 몰루카 제도(현재 인도네시아령)이다. 이러한 사실이 알려진 후, 15세기 말부터 앞다투어 포르투갈·네덜란드·스페인·영국이 아시아 향료 무역에 뛰어들고 조그만 섬을 차지하려고 필사적이고도 소모적인 향료전쟁이 여러 번 발발한다. 당시 이를 소재로 한 논픽션 소설을 보면 향료를 얻기 위해 항해를 감행하는 상선단이 얼마나 위험한 고초를 겪었으며, 이를 차지하기 위해 얼마나 치열한 전쟁을 벌여야 했는지 나온다.

몰루카 제도는 서태평양 필리핀 남방 파푸아뉴기니의 서편에 무수한 군도로 이루어져 있는데, 자카르타에서 암본까지 매일 1회 비행기가 운항하나 네 시간 걸리며 일기가 불순하면 결항도 잦고 항공료도 비싼 편이어서 이쪽으로의 여행은 포기하였다.

네덜란드는 1800년 동인도회사 점령지역을 '네덜란드 동인도'로 명명하여 공식적

암스테르담과 비슷한 풍광의 운하.

으로 식민지화한다. 1811년 한 발 늦게 진출한 영국은 자바를 침공하여 1814년까지 3년 동안 지배하였는데, 이때 래플스가 흙더미에 묻혀 있던 보로부두르 불교사원을 발견하였다. 네덜란드 점령 백 년 후 19세기 말, 바타비아는 총인구 11만 6천 명으로 성장하며, 이중에 유럽인이 9천 명, 중국 화교가 2만 7천 명, 원주민이 7만 7천 명으로 발전한다. 이렇게 하여 자카르타에는 '바타비아' 시절의 네덜란드 유산이 즐비하다. 바다에 임한 식민지 시절 항구 근처에는 암스테르담에 온 것 같은 느낌을 주는 운하도 눈에 띄어 인상적이었다.

중부 자바, 역사·문화의 중심지

자바는 호모사피엔스 유골이 발견된 곳으로, 매우 오래 전부터 인류가 이곳에 자리를 잡고 살았다는 것이 증명된 지역이다. 솔로 근처에서 발견된 자바 원인은 피테칸트로푸스로서 이름이 알려졌으며, 요즘에 와서는 자바 커피와 컴퓨터 언어인 자바 스크립트 등 일상적으로 매우 친근하게 느껴진다.

자카르타에서 옛 바타비아 흔적이 남아 있는 구시가지를 보고 난 후 저녁 비행기를 타고 밤 8시경 세마랑에 도착했다. 인천공항을 떠나 콸라룸푸르와 자카르타를 거쳐 여기까지 오는 데 24시간 걸린 것이다. 수마랑은 인구 약 150만 명의 중부 자바의 중심 도시이다. 남북으로 폭이 좁은 자바의 북부는 임해지역으로 인도네시아 최대의 공업도시이다. 문화 중심지인 족자카르타와는 90킬로미터 정도 짧은 거리를 둔, 많은 역사 유적이 남아 있는 곳이기도 하다.

우리 일행은 숙소로 가는 도중 관광식당으로 보이는 도로변 식당에서 인도네시아 음식을 먹고 반둥안 고지대 리조트 호텔로 향했다. 식당에서 먹은 이 고장 음식으로는 생선 튀김, 코코넛 기름에 볶은 야채, 긴 모양의 쌀인 안남미 쌀밥 등 다양한 요리가 나왔는데, 맛이 아주 좋았다. 이후 닷새 머무르며 의료봉사를 하는 동안 매 끼니마다 현지 마을 사람들이 만들어 주는 향토음식을 즐겼다. 인도네시아를 포함한 동남아시아의 특유의 식재는 쌀·생선·야채·과일, 그리고 생선으로 만든 소스 등을 꼽을 수 있다. 쌀은 우리나라나 일본에서 먹는 동그랗고 통통한 쌀알(Japonica)이 아니라 쌀알이 길쭉한 '알랑미' 즉 안남미(Indica)가 주식이다. 태국 쌀, 필리핀 쌀, 베트남 쌀 등이 모두 안남미인 인디카 쌀이며, 전 세계 쌀 생산량의 90퍼센트를 차지하는 쌀의 대표적인 품종이다.

여기에다 우리나라 장(醬)에 해당하는 생선이 원료인 다양한 소스가 일품이다. 말하자면 젓갈과 같지만, 동남아시아의 소스는 잘 정제되어 간장과 비슷하게 다양한 색깔의 액상(液狀) 소스로 되어 있다. 이를 인도네시아에서는 뜨라시(Terasi), 태국에

반둥안 고산 마을.

서는 남쁠라(Nampla), 베트남에서는 늑맘(Nuoc mam)이라고 부르는데 그 맛이 입맛을 돋운다. 동남아 음식을 말하는 데 빠뜨리지 말아야 할 것이 야자기름과 향신료이다. 실상 유럽을 아시아로 불러들인 것이 후추(Pepper)와 정향(丁香, Clove) 같은 향신료인데 정작 동남아시아에서는 잘 쓰지 않는다. 지금 동남아시아에서 잘 쓰는 향신료는 야채 고수풀(香菜, 우리나라에서는 빈대풀이라고도 함), 박하, 라임 잎사귀 등이다. 중국, 인도 및 서양 음식의 영향을 받아 그대로 사용하게 된 향신료라고 한다. 내가 고수풀을 처음 맛본 것은 1968년 필리핀에 유엔 개발원조계획에 의한 홍보전문가 훈련계획에 참여하기 위해 생전 처음 해외여행을 한 때였다. 우리나라 음식과 가끔 맛본 스테이크, 햄버거와 같은 음식 이외는 외국 음식에 대해 전혀 경험이 없던 나로서는 고수의 독특한 향기가 무척 생소했고 감당하기 어려운 냄새였던 것을 지금도 기억한다. 지금은 동남아식 국수와 상어 지느러미 요리 같은 것을 먹을 때 추가로 주문하여 즐기고 있지만.

동남아 요리를 말하면서 또 하나 특기할 것은 생선 요리의 다양성이다. 요즘은 우리나라에도 생선회가 널리 보급되어 있고 다양한 생선이 시장에 나오고 있지만, 우리가 젊었을 때만 하더라도 서울이나 내륙에서는 생선 종류가 그리 많지 않았다. 내가 어렸을 때만 해도 민어로 국을 끓인 것을 최고로 꼽았고, 봄철이 되어야 조기국을 특식으로 먹을 수 있었다. 생선을 날로 먹거나 쪄서 먹거나 튀겨 먹는 것은 경험

웅아란시장의 과일 가게.

한 일이 없다. 동남아시아나 남중국 요리에는 생선 요리가 무척 발달되어 있다는 사실을 며칠 있는 동안 실감할 수 있었다.

또 하나 적어 놓고 넘어가야 할 것은 풍부한 과일이다. 야자열매는 도처에 널려 있다. 낭만적인 남국의 풍광을 대변해 주는 것 같은 야자수와 그 열매의 용도는 참으로 다양하다. 시장에 가보면 이름도 모를 다양한 열대 과일이 우리의 눈길을 끈다. 그중에도 '과일의 왕'이라 불리는 '두리안'은 표면이 창끝같이 뾰족하고 날카로워 혹시라도 떨어지는 과일에 머리를 맞으면 생명도 위태로울 것 같은 험상궂은 모양을 하고 있는데, 이 과일의 누런색을 띤 속살을 먹는다. 그런데 냄새가 아주 고약하여 호텔 같은 데는 가지고 들어가지 못하는 과일이다. 그러나 한 번 그 맛을 보면 비할 데 없는 훌륭한 맛에 익숙해지고 일부러 찾아 먹게 되는 과일이 두리안이다.

우리는 식사가 끝난 다음 수산 호텔로 안내되었는데 높은 고원지대에 있는 스파 리조트라고 한다. 세마랑에서 남쪽으로 약 30킬로미터 남하하다 오른편 서쪽으로 구부러지더니 버스가 언덕을 오르기 시작한다. 처음에는 조금 올라가겠거니 하고 기다렸는데 2차선이던 길이 점점 좁아져 맞은쪽에서 차가 오면 교차하기 위해 한쪽은 기다려 주어야 하는 좁은 길로 한 없이 올라간다. 이렇게 아슬아슬한 언덕길도 지나 30분쯤 후에 호텔에 도착하였다. 해발 1천 미터라 한다. 차에서 내리니 밤공기가 서늘하다. 열대 인도네시아에서 맛보지 못하는 상쾌함이다. 여기서 다섯 밤을 쾌

해발 천 미터에 자리 잡은 리조트 호텔.

적하게 보냈다. 아침에 일어나 보니, 뒤편에 산이 우뚝 서 있는데 해발 2050미터의 웅아란 산이라고 한다. 산 정상 부근에는 힌두 스투파가 있고 뜨거운 온천수가 여러 곳에서 나온다고 한다. 밤이라 잘 관찰하지 못했는데, 다음날부터 오르내리면서 본 반둥안 지역은 고도가 높을수록 가옥들이 커지고 좋아진다. 온천도 나오는 열대지방의 살기 좋은 피서지였던 것이다.

아침이면 차로 낮은 도시나 마을로 이동하여 의료활동을 하고 밤이 돼서야 올라오곤 하였다. 호텔 뒤 정원에는 산 밑 도시가 내려다보이는 곳에 현대식 결혼을 원하는 젊은이들을 위해 기독교식 채플을 지어 놓았는데, 실제 결혼식은 보지 못했다. 아침 일찍 식사하기 전에 채플 마당과 호텔 근처 동네를 산책하면서 부근 산중턱 마을의 생활상을 볼 수 있었던 것은 행운이었다.

도착 다음날 숙소인 반둥안에서 북쪽으로 70킬로미터쯤 떨어진 보자(Boja) 타운에서 한참 산속으로 들어가는 탬푸란 마을에서 진료를 보기로 하였다. 이 마을은 해발 약 4백 미터 높이의 산속에 있는데 인구는 2천 명, 생업은 고무나무 재배와 야자수 농사가 주류라고 한다. 그러나 마을 사람들의 생활 정도는 몇몇 집을 제외하고는 가난해 보였다. 마을 한가운데 초등학교도 하나 있는데, 의료시설은 전혀 없는 곳이었다. 한국에서 우리 일행이 의료 진료를 왔다고 웅아란에 나와 있는 한광숙 선교사를 통해 미리 연락하고 갔더니 부근 여러 마을에서 수백 명이 집결해 있었다. 봉사

위, 진료중인 의료봉사자들.
아래, 진료를 받기 위해 온 탬푸란 마을 사람들.

나간 의사 세 명이 하루 종일 약 250명을 진료하였다. 진료실은 마을의 조그만 교회에서 진료했는데, 교회라고 해 봐야 학교 교실 하나만도 못한 크기의 건물로 냉방도 안 되고 선풍기도 없는 곳이라 진료팀은 하루 종일 무더위 속에서 무척 고생하였다. 제2, 3 진료일은 웅아란 기독교 교회 마당에서 차일을 쳐 놓고 선풍기도 돌려 가면서 해서 그나마 견딜 만했다. 3일 동안 진료한 인원은 750명 정도이다. 진료를 받으러 왔던 이들의 눈빛에서 이들이 얼마나 현대의료에 목말라하고 있는지 역력히 짐작할 수 있었다. 덕분에 이들의 진지한 눈빛을 몇 장 촬영할 수 있었다. 이슬람 국가인 인도네시아에는, 나중에 안 사실이지만, 기독교 인구가 약 6퍼센트에 해당하는 1천5백만 명으로 추산된다고 한다.

마을 산책을 나섰다. 마을에서는 고지대라서 그런지 현대화된 것인지 고상식(高床式) 민가를 보지 못했다. 거의 토간식(土間式) 주거이다. 그것도 현대적으로 개량된 소박한 토간식이었다. 일반적으로 동남아시아에 있는 민가의 형식은 고상식 주거와 토간식 주거 두 종류가 기본을 이루고, 도시와 타운에는 현대적인 서양식 요소를 많이 수용한 건물이 많지만 동남아적 건축양식이 잘 용해되어 있다. 고상식 가옥은 주거 부분이 지표면보다 높은 곳에 위치하며, 사람들은 지표에서 계단을 이용해 올라간다. 토간식 주거는 신을 신은 채 지표면에 깔개 종류를 깔고 생활하며, 넓은 경우 작업 공간과 취사 공간 그리고 휴식 공간이 분리되어 있고, 형편이 좋은 데서는 테이블이나 침상 생활을 하기도 하는 주거양식이다. 우리나라나 일본처럼 토족(신발은 신은 채)으로 주거공간에 들어가지 않고 신을 벗고 생활하는 양식은 토간 주거가 아니다.

고상식은 동남아시아에 있는 거의 모든 평야지대의 농촌 또는 물가에서 공통으로 보이는 민가 형식으로, 주거의 이점은 일단 주거 공간에 올라가면 작은 성채처럼 외부의 미심적은 대상의 침임에 대비하여 안전하며, 맹수·해충의 침입을 막을 수 있다. 습기 많은 열대 기후에서 통풍이 잘되며, 홍수로부터 안전을 도모할 수 있는 등 저지대 생활에 아주 잘 적응할 수 있는 주거 형식이다.

이웃나라 일본의 이세징구(伊勢神宮)나 이즈모 다이샤(出雲大社) 또는 나라 쇼소인(奈良 正倉院)에 고상식 건축양식이 남아 있어 동남아 주거 양식과 유사하고, 이는 남방문화기원설의 근거가 되고 있다. 고상식 주거는 자바 섬, 발리 섬 이외에도 말레계 민족의 공통문화가 되어 있는 것으로 자료에서 밝히고 있으며, 실제로 보로부두르 유적의 부조에도 이를 발견할 수 있다. 그러던 것이 차츰 토간식으로 바뀌어져 간 모양이다. 아마도 인구가 많아지게 되면 주거 수요도 그만큼 늘어나는데, 건축용 자재를 절약할 수 있기 때문에 토간식이 쓰인 것 같다.

위, 보자 타운의 전통 가옥.
아래, 마을 뒤편의 묘지.

마을 뒤편에는 마을 사람들의 무덤 여러 기(基)가 발견된다. 우리가 진료하던 교회와 주거의 바로 뒤편이다. 그 뒤로는 집들이 띄엄띄엄 혼재한다. 봉분은 없고 말

보로부두르 유적지로 가는 길에 보이는 메라피 화산.

뚝만 박아 놓아 누구의 분묘인지 구별할 수 있게 하였고, 유복한 사자는 석관에 제대로 매장된 분묘도 섞여 있었다. 주거 공간과 지근거리에 있는 묘지들을 보면서 이들의 사생관이 우리나라의 그것과 많이 다름을 느낄 수 있었다.

보로부두르와 프람바난

앙코르와트와 비교될 만한, 아니 오히려 연대적으로 앞선 8-9세기 건립된 기념비적인 불교 유적이 중부 자바 보로부두르에 자리하고 있다. 그리고 이곳에서 50킬로미터 떨어진 곳에는 10세기 때 지은 힌두사원 프람바난 유적이 있고, 이 두 유적은 모두 세계문화유산으로 지정·등재되어 있다.

중부 자바가 건기라고는 하지만 무더운 8월이었다. 우리는 승용차를 세 내어 웅아란에서 보로부두르로 향했다. 우리가 머물던 수마랑 시에서 자바 섬을 종단해 족자카르타에 이르는 2차선 국도는 험준한 고갯길은 없었지만, 꼬불꼬불 산을 넘고 구릉지를 휘돌아 가는 평탄치 않은 길이다. 멀리 높은 산이 보인다. 나중에 알고 보니 3천 미터급의 메라피 화산이다. 자바 섬 세 번째와 네 번째 도시를 잇는 길이라 교통량도 제법 많았다. 고갯길에서는 짐을 실은 트럭이 날렵한 승용차의 앞길을 막는 경우가 한두 번이 아니다. 길에는 또 수많은 오토바이가 오가고 있었다. 이런 때에 인도네시아의 운전자들은 반대편에서 차들이 오고 있음에도 불구하고 마주 오는 차량과 암묵적인 약속이라도 했는지, 아니면 차의 종류와 시속과 거리를 머릿속에서 계산이라도 한 듯 자신 있게 잘도 추월하고 앞서 간다. 아슬아슬한 때가 한두 번이 아니다. 그럼에도 불구하고 우리는 웅아란을 출발하여 보로부두르까지 70킬로미터의 거리를 2시간 만에 도착했다. 여기서 족자카르타까지는 40킬로미터라고 한다.

이 거대한 유적이 울창한 밀림에서 발견된 것은 지금으로부터 약 200년 전, 민속학에 밝은 영국인 래플스 경에 의해서였다. 그는 싱가포르에 영국 식민지를 건설한 전설적인 인물로서, 당시 잠시 영국이 지배하던 자바의 동인도회사 부총독이었다. 1814년, 그는 이 근방에 예로부터 주민들 사이에 전해 내려오던 소문을 근거로 보로 마을 현장에서 발굴 작업을 시작하였다. 2백여 명의 인부를 독려하여 밀림을 불태우고 화산흙을 걷어 냈다. 6주 후 그들은 밑층에 수없이 많은 돌 조각을 발견해 냈다. 더 파고 내려가자 종 모양의 탑이 다수 발견되었고 이곳이 불교사원임을 알게 되었다. 불과 5년간의 짧은 기간 동안 자바를 점령했던 영국의 쾌거이다.

대지에서 올라오는 열기가 푹푹 찐다. 정오경의 사원 공원, 울창한 열대림 사이로 시커먼 산 같은 돌무더기가 시야에 들어왔다. 멀리 보이던 보로부두르 사원이 풍기는 웅장함은 다가갈수록 세밀함으로 탈바꿈한다. 가까이 갈수록 무수한 돌탑 같

보로부두르 유적을 발견한 래플스 경 동상.

보로부두르 사원 전경.

은 조각물의 형체가 구체화되어 갔다. 외국인 전용표 파는 곳
으로 안내되었는데, 외국인의 경우 입장료를 내국인의 10배
정도 비싼 가격에 사야 한다. 입구에서 나누어 주는 보자기를
허리 밑으로 휘감아 입었다. 이슬람식 의상인데 모두 그렇게
들 한다. 내가 간 날은 이슬람교의 라마단 기간중이라 외국인
이 대부분이고 현지인들은 별로 눈에 띄지 않았다. 가까이 가
니 화산 바위인 안산암을 조각한 돌탑의 디테일이 살아난다.
수천 개의 조각으로 이루어졌다. 밑을 한 바퀴 돌고 위층으로
올라갔다. 계단의 높이가 약 30센티미터는 될 듯 싶었다. 올라
가기는 꽤 가파른 계단이다. 나중에 문헌을 조사해 보니 사원
은 일반인을 위한 것이 아니라, 기도와 고행으로 수행하는 승
려들의 수행장이기 때문에 높게 만든 것이라고 한다. 각층마

보로부두르 사원 돌탑의 디테일.

다 탑 벽에는 부조물이 무수히 새겨져 있다. 코끼리를 타고 가는 점령자, 전쟁을 지
휘하는 장군, 돛배로 항해하는 수순 등 무수히 많은 조각물이 수많은 메시지를 전하
고 있었다. 네모난 기단이 밑으로부터 점점 작아지도록 5층까지 테라스형으로 올린
다음 둥근 기단을 6층부터 8층까지 쌓아 올리고 맨 위에는 부처가 동쪽을 향해 정좌
해 있도록 했다. 맨 밑층의 한 변의 길이가 123미터, 차지하고 있는 면적은 2천5백

제곱미터이다.

래플스 경은 이 발굴을 계기로 『자바의 역사(The History Of Java)』라는 책을 써서 자바의 수준 높은 문명과 문화를 소개하며 자바 문화에 경의를 표했다고 한다. 산등성이에 있는 사당이라는 뜻인 보로부두르(Boro[사당], Budur[구릉])는 8세기 샤일렌드라 왕조가 깊은 불심을 가지고 건립한 것으로 알려졌다. 생사의 윤회, 지옥의 고통, 극락의 즐거움 등의 이야기가 기단과 테라스 외벽에 새겨진 정교하고 아름다운 부조는 보로부두르 예술성의 극치를 이룬다.

보로부두르는 오늘에 이르기까지 풀리지 않는 미스터리를 품고 있어 세계 7대 불가사의의 하나로 꼽힌다. 사원의 바닥과 벽면은 약 1백만 개로 추산되는 네모난 암석을 깎아 깔고 쌓아 만들었고, 그 내부는 흙무덤으로 채워져 있다. 엄청난 무게인 350만 톤에 달하는 석조물의 암석은 거대한 한 덩어리의 안산암을 잘라서 만든 것으로 밝혀졌지만, 보로부두르 인근 30킬로미터 이내에서는 안산암이 발견되지 않는다고 한다. 이 거대한 돌을 어디서 가져온 것인지 아직도 미궁에 빠져 있다.

계층식 회랑구조로 되어 있는 기단 벽에는 1천5백여 개나 되는 부조가 새겨져 있고 사이사이에는 아치형 돔 안에 부처님이 정좌해 있다. 회랑 벽에 새겨진 조각은 부처님 행적과 지역의 역사적 전개가 담겨 있다. 부조와 조각의 엄청난 숫자와 규모, 정교하고 세밀한 구조에 그저 놀랄 뿐이다. 각각의 테라스에는 432개의 불상이

위·아래, 기단과 테라스 외벽에 새겨진 부조들.

들어서 있고, 꼭대기 층 탑 속에는 72개의 불상이 자리하고 있다. 테라스에서 마주하는 수천 개의 부조(Relief) 조각과 수십 개의 불탑, 둥근 아치형 안에 모신 부처님을 보면 그 자체가 거대한 조각 미술관이다. 세계적으로 보기 드문 불교 유적이다. 그렇지만 이러한 위대한 종교 건축을 누가 어떤 목적으로 세웠으며, 언제 어떻게 하여 흙 속에서 천 년 세월을 보내게 되었는지 아직 해명된 것은 없다고 한다. 이 거대 유적이 언제 사라졌는지 기록도 없다. 다만 건립연대로 미루어 보아 당시의 자바 지역을 지배했던 샤일렌드라 왕조라고만 추측할 뿐이다. 이 왕조는 많은 부분이 베일에

싸여 있어 알려진 것이 별로 없으며 10세기에는 홀연 자취를 감추고 만다. 보로부두르 주변에는 불과 40여 킬로미터 떨어진 곳에 활화산군인 메르바부(3,150미터) 산이, 약 10킬로미터 남쪽에는 메라피(2,930미터) 산 등으로 둘러싸여 있으며, 메라피 산은 2006년에도 폭발하였고 지금도 연기를 뿜어내고 있다. 그러므로 보로부두르는 9세기경 폭발한 메라피 산의 화산재로 뒤덮인 것으로 추정하는 것이 가장 유력하다.

건립연대는 8세기의 건축물이라 하니 우리나라의 석굴암을 세운 시기와 맞먹는다. 이웃 나라 캄보디아의 세계적인 앙코르와트보다도 3백 년이 앞선 건축물이다. 7층에 올라서면 눈앞에 산과 푸른 대지가 펼쳐지면서 눈이 번쩍 뜨인다. 보로부두르 사원을 둘러보면 인도양을 건너 전래된 불교가 모국인 인도를 능가할 정도로 인도네시아에서 그 문화를 꽃피웠다는 사실에 놀란다. 문화를 전수받아 이를 수용 재창조한 동남아시아 토착인들의 탁월한 조형예술적인 천재성에 머리가 수그러진다. 불과 50킬로미터 떨어진 곳에, 건립연대는 약 100년 뒤지나 또 하나의 인도 전래문화 재창조의 걸작이라고 할 프람바난 힌두사원 탑군이 세계유산으로 등재되어 있다.

어떻게 불교 문화유적과 힌두교 문화유적이 이렇게 가까운 거리에, 시대로 보아도 거의 동시대의 종교적 건조물이 사이좋게 들어설 수 있을까? 자료를 조사해 보니 내 나름대로의 답이 나왔다. 오늘날에도 인도네시아를 비롯한 도서부 동남아시아는 인도로부터 영향을 받아 불교와 힌두교가 차례로 문화적 영향을 끼친다. 8세기에 보로부두르에 찬란한 불교 영조물을 세운 왕조는 불교를 신봉하던 샤일렌드라 왕조였다. 그런데 보로부두르와 족자카르타를 중심으로 전 자바를 지배하던 이 왕조는 근처 화산(아마도 메라피 산)이 폭발하여 방대한 지역이 매몰되어 하는 수 없이 동쪽으로 천도하였다가 새 왕조 스리비자야 왕조에게 멸망을 당하였던 것이다.

나중에 지인으로부터 탐문하여 안 사실이지만, 수라카타는 원래 스리비자야 왕조(8–14세기)가 지배했었는데, 13세기 말 발흥한 이슬람화된 마자파히트 왕조(1290–1478)에게 패망하였다. 이때는 중국 대륙에서 몽골(원)이 번성하여 동남아시아도, 한국과 일본도 몽골의 침입을 당하던 때였다. 아마도 이러한 영향이 왕조의 몰락을 부채질하였을 것이다. 이어 발흥한 마자파히트 왕조는 지금의 인도네시아 전역과 필리핀 민다나오 섬을 포함한 거대한 판도를 아우르는 왕국이었다고 한다. 마자파히트 왕조는 풍부한 농업 생산에 기초를 두고 자바 동부지방에서 무늬를 넣어 짜는 바티크, 목각과 등나무 공예품, 인도네시아 전통 와얀(Wayan) 인형극, 감란(Gamelan) 타악기 음악과 같은 힌두–자바 문화가 꽃을 피웠다.

우리는 정오경의 무더위에 더 이상 탐사할 기력이 모자라서 대충 돌아보고 족자카르타 근처 식당에서 점심을 먹고 쉬었다가 프람바난에 들르기로 하였다. 프람바난에서 숙소가 있는 웅아란으로 돌아가려면 크라톤과 수라카타를 거치는 코스가 가깝기 때문에 메라피 화산을 한 바퀴 돌게 되어 마치 떨어지는 물방울과 같은 모양의

프람바난 사원의 스투파.

코스가 되었다. 보로부두르에서 족자카르타까지 40여 킬로미터, GPS에 나타나는 거리를 보니 족자카르타에서 프람바난은 15킬로미터 정도의 거리이며, 여기서 웅아란까지는 약 70킬로미터 정도로 표시된다. 그러나 중국의 영향을 받은 동아시아 지역과 달리 동남아시아 제국의 역대 왕조는 궁궐다운 왕궁을 남겨 놓는 일이 드물다.

왜 그랬을까? 제국이나 왕조의 권위를 내세울 필요가 없었을까?

오후 학생들이 하교하는 러시아워 사이를 뚫고 해가 서산에 기울어지는 4시경 프람바난 유적지에 도착했다. 프람바난은 크라톤으로 가는 큰길 옆에서도 그 모습을 볼 수 있는 평지 공원 안에 있다. 서둘러 입장하여 부지런히 사진 찍어 가려고 이리 저리 헤매면서 셔터를 눌러 댔다. 한국과 달리 적도 근처에서는 해가 빨리 저문다.

프람바난 사원은 10세기에 건립된 힌두사원으로서 보로부두르 사원과 대조를 이룬다. 스투파 탑 모양의 유적군은 가운데 제일 큰 시바 신의 사원을 두고 6개의 거대한 사당이 사방에 에워싸고 이를 다시 156개의 작은 사당이 둘러싼 모양을 하고 있는데 시바 사원 스투파의 높이는 보로부두르보다 5미터 높은 47미터라고 한다. 기왕의 불교 왕조를 대치한 힌두교 왕조의 야심찬 축조물이다. 이 사원군은 한 변이 222미터인 정사각형 모양의 기단 위에 다시 사방 110미터의 기단이 올려져 있었다. 각사당의 기단과 주실 내부에는 사자·원숭이·사슴 등의 동물들과 아름다운 아라베스크 무늬가 새겨져 있고, 외벽에는 유명한 서사시 「라마야나(Ramayana)」의 42장면이 부조로 새겨져 있다.

폐허가 된 프람바난 사원은 1811년 보로부두르를 발견한 영국 동인도회사 래플스 경의 명을 받은 콜린 매켄지가 재발견하였지만 수십 년 방치되어 있다가 네덜란드 식민지 시대에 들어 네덜란드인들과 현지인들이 정원석으로 뜯어다 쓰는 일도 있었

〈 프람바난 사원.

다고 한다. 1880년대 시작한 미적지근한 복원사업은 오히려 도굴꾼을 불러들였다. 유적지의 복원다운 복원은 1910년 시작되었고 정식 복원작업은 1930년에 개시되었으며, 1953년에야 겨우 지금의 모습으로 복원되었다.

이곳은 1천 년을 지나는 동안 수많은 지진을 맞았을 것이다. 15세기 대지진에 거의 무너진 채 방치되었고 돌조각이 이리저리 흩어졌다고 한다. 물론 왕조의 멸망과 이슬람으로의 전향으로 사원은 더 이상 중요한 신앙의 대상은 되지 못했다. 지금 인도네시아에서 유일하게 힌두교를 믿는 사람들은 발리 섬 사람들뿐이다. 인도네시아 사람 대부분이 이슬람교를 믿게 되어 보로부두르나 프람바난 사원에 대한 경외심은 거의 없어졌다. 심지어 보로부두르 사원 유적이나 프람바난 사원 유적이 자기네 역사의 일부로서 자랑스러운 과거를 나타낸다는 자긍심이 얼마나 있는지도 의문이 가는 부분이다. 이슬람화된 이후 폐허로 남았지만 자바 사람들에 오랜 세월 노출된 축조물로서 갖가지 일화와 영감을 일으켜 주는 문화적 집단기억으로 남았다. 그중의 하나가 다음과 같은 '로로 종그랑 이야기'이다.

옛날 어느 시절 '반둥 본도위소'라는 젊은이가 '로로 종그랑'을 짝사랑했다. 로로는 남자의 사랑을 뿌리치려고 반둥에게 자기를 위해 하룻밤에 천 개의 조각상을 만들어 달라고 했다. 반둥은 밤새도록 조각상을 만들었다. 로로는 자기의 요구대로 조각상이 거의 다 만들어지고 있음을 보고 마을 사람들에게 방아를 찧고 불을 지펴 아

프람바난 사원 스투파의 기단.

침이 온 듯 보이게 한다. 999개를 만든 반둥은 로로에게 배신당한 사실을 알게 되자 로로를 저주하여 그녀를 천 번째의 조각상으로 만들어 버렸다고.

중앙에 있는 시바 신을 모신 사원에 들어가면 네 개의 방이 있는데, 시바 신의 조각상과 다른 조각상 세 개가 있으며 이중에 '두루가신' 조각상이 앞서 이야기한 로로 종그랑이라고 한다. 사원 회랑 벽에는 라마야나 이야기가 조각되어 있는데 무용담과 요술 그리고 유머 가득한 노래 5백 곡, 서사시 2만4천 편이 수록된 힌두문학의 대표작이다. 3세기경 인도 시인 발미키가 집대성한 것으로 라마 왕자의 무용담, 즉 악마의 왕 라바나와의 전쟁을 통해 악마를 이기는 군주상을 기록한다. 서사시에 나오는 라마 왕자를 돕는 원숭이 장군 하누만은 『서유기』의 원형이 되었다고 주장하는 사람도 있다.

프람바난 사원도 2006년 5월 족자카르타 지방에 일어났던 대지진을 피해 가지는 못했다. 지진에 무너진 소규모 사원의 돌을 한데 모아 놓았는데, 아직도 복구가 계속되고 있다. 오후 5시에 그곳을 떠난 우리는 이리저리 길을 바꾸고, 돌고 돌아 고갯길을 넘으며 밤이 어두워져서야 웅아란으로 돌아왔다.

다음날 낮, 수마랑에 사는 건축가 친구 앤디 시스완토가 자기 집에 초대하여 함께 점심을 먹으며 자바에 대하여 좀더 들을 수 있었다. 솔로 공항 근처에 가면 자기네 회사가 설계한 마하파트 왕조의 크라톤(Kraton) 유적을 꼭 보고 가라고 일러 주었지만 시간이 촉박해 가보질 못했다. 그로부터 들은 간단한 설명만 여기에 소개한다.

족자카르타와 솔로는 역대 왕조가 왕도로 삼았던 곳이라 왕궁 크라톤 유적이 남아 있다. 크라톤 유적은 1755년 족자카르타를 통치하던 술탄이 건립한 전통적인 자바 건축양식의 왕궁인데, 19세기 말 지진 피해의 여파로 지금은 서쪽의 일부만이 남아 있다고 한다. 왕궁 유적이라 하여 대단한 건축이나 유구가 남아 있는 것은 아니고, 스케일이 전혀 사치스럽지 않고 절제된 것으로 보아 동남아시아의 왕조를 대륙의 왕조와 비교하기는 어렵다.

동남아시아는 열대우림이 도처에 널려 있고 사통팔달의 도로 개설이 어려웠기 때문에 해운에 의존하여 왕래하고 교역했다. 그래서 대륙의 다른 건조지대와 같은 넓은 판도를 가질 수 없었을 것이다. 말하자면 7세기부터 대국을 형성했다고 하는 스

리워자야 왕조가 지금의 인도네시아 판도와 거의 맞먹는 영토를 가졌다고 해도 실질적으로 지배한 영역은 항만도시를 잇는 해안지역이었을 것이라고 추정한다.

솔로 공항에서 15킬로미터 떨어진 곳 상그란에는 자바 원인 유적지가 있다. 우리를 공항에 바래다 준 요하네스 목사에게 아침 일찍 떠나기 전 크라톤 유적지를 보게 해 달라고 간청하였더니 자바 원인 유적지를 보여주었다. 자바 원인 유적지 역시 유네스코 문화유산이다. 1936년 이 지역에서 메간트로푸스와 피테칸트로푸스/직립인(Meganthropus palaeo and Pithecanthropus erectus/Homo erectus) 화석 50구가 발견되었다. 이와 함께 코뿔소·코끼리·버팔로·사슴 등 다른 동식물의

위, 자바 원인 유적지가 있는 상그란.
아래, 자바 원인의 두개골 표본.

뼈도 발견되었다. 하여 '상그란인'은 인류 진화를 이해하는 데 아주 중요한 단서를 제공한다. 즉 상그란인의 화석은 홍적세에서 현재에 이르는 인류 진화의 증거이며, 아울러 발견된 동물 뼈와 식물류의 화석은 약 80만 년 전부터 상그란인들이 처음으로 정착생활을 했다는 증거가 된다는 것이다. 자바 원인의 뇌의 용적은 9백–1천 씨씨로서 한결 호모사피엔스에 가깝고 대퇴골도 발달하여 현대인과 유사하다고 한다. 자바 원인이 사용했던 석기는 발견되지 않았으나 두발로 직립 보행한 호모에렉투스

이다.

솔로(수라카르타) 주변은 낮은 구릉과 평지뿐이고, 평지는 모두 벼농사를 짓고 있었다. 자바 섬의 인구는 1억 3천만 명이 넘는다고 한다. 인도네시아 전 인구(2억 4천만 명)의 약 60퍼센트에 달한다. 이 지역이 이렇게 많은 인구로 늘어날 수 있었던 것은 이 땅에 그만큼 사람들을 먹여 살릴 수 있는 식량 생산이 가능했기 때문일 것이다. 자바의 빈번한 화산 활동은 화산재가 오랜 세월이 지나면 땅의 영양분이 되었고 강우량도 많아 농사짓기가 좋았던 모양이다.

벼를 처음 재배한 사람이 동남아시아인이라고 하니, 아마도 이곳에서 처음 쌀농사가 시작되지 않았을까? 동남아시아 도서부의 문화적 원형을 이곳에서 찾은 기분이었다.

태국

인도네시아 방문을 마치고 바로 귀국하지 않고 사이드 트립을 만들어 방콕에서 콸라룸푸르까지 2박3일 일정으로 기차여행을 하였다. 수년 전에 태국과 말레이시아를 방문한 적은 있어도 책을 쓰기 위한 자료를 모으지 못하였는데 이번에 국제열차를 타고 말레이 반도를 남하해 보는 것도 한번 해보고 싶은 여행이었고, 도중에 가보지 못한 세계유산 도시 피낭을 방문하는 것도 주요한 목표였다. 항공편 전 일정을 서울에서 출발할 때부터 말레이시아의 LCC(저가항공사) 에어 아시아(Air Asia) 항공권을 발권하여 왔기 때문에 콸라룸푸르를 경유하지 않고는 귀국할 수 없어서 콸라룸푸르에 온 다음 2일 후에 떠나는 항공표를 구입해 놓고 방콕으로 향했다.

지도를 보면, 대륙부에 속하는 동남아시아는 세계의 지붕 히말라야 산지가 동으로 뻗다가 미얀마 국경 근처에서 활처럼 휘어 동남 방향으로 세 개의 대협곡을 만들며 남쪽으로 휜다. 티베트 서부(미얀마 북부)에서 발원하는 아시아의 3대 하천이 여기를 통과하면서 '윈난성 세 하천 협곡(峽谷, Three Parallel Rivers of Yunnan Protected Areas)'이라는 지구에서 가장 험한 지형을 만들고 각각 다른 유역을 만들어 바다로 빠진다. 히말라야에서 뻗어 나온 산지는 중국 남부에서 깊은 협곡을 만든 다음 S자 형의 산맥을 만들어 자연스럽게 베트남과 라오스, 캄보디아와의 국경을 만든다. 세 협곡 중 맨 오른쪽 협곡의 강은 장강이 되어 중국 황토고원을 거처 황해로 빠지고,

나머지 두 강 메콩 강과 살윈 강은 동남아 하천이 되는데, 메콩 강은 중국 국경을 넘자마자 미얀마, 라오스, 태국, 캄보디아와 베트남을 거쳐 동중국해로 빠진다. 그리고 살윈 강은 버마로 흘러들어 인도양으로 빠진다. 메콩 강과 살윈 강은 드넓은 충적 평야를 이루어 세계에서 쌀 생산량이 가장 많은 곡창지대를 만들고 동남아 문화의 꽃을 피운 많은 왕조가 흥망성쇠를 겪게 하였다.

12시 반 인도네시아 솔로(자바 동부)에서 콸라룸푸르까지는 2시간의 비행거리다. 콸라룸푸르 공항에서 3시간 후 방콕행 비행기를 탄 것은 오후 5시 반, 방콕 공항에 도착하니 7시 반이다. 스완나폼 공항에서 새로 생긴 공항고속전철로 방콕 시내 중심부까지 30킬로미터가 채 안 될 듯싶은 거리를 20분 만에 시내로 편리하게 들어왔다. 4량으로 편성된 전철은 노선이 중심가까지 전 구간이 거의 직선으로 고가화되어 야경을 보면서 단시간에 들어올 수 있었다. 다음날부터 두 밤을 기차에서 보내야 하므로, 편안한 데서 푹 쉬고 기차여행을 시작해야겠다고 생각하고 좋은 호텔을 잡아 쉬었다.

오전에 방콕의 리버 버스로 왕궁을 향했다. 지도를 보니 후아람퐁 역에서 멀지 않은 것 같았다. 그래서 지하철로 역에 간 다음 걸어가려고 길을 물었더니 걸을 거리가 아니란다. 그래서 자전거 택시인 '툭툭'(릭샤)을 타고 부두로 가서 배를 탔다.

차오프라야 강은 태국의 젖줄이다. 태국 사람들이 10세기경 윈난성(雲南省)에서

태국의 대표적 운송수단인 자전거 택시 '툭툭'

남하하여 이 땅에 정주하기 시작한 이래 역대 왕조는 모두 차오프라야 강 유역에 발달하여 왔다. 차오프라야 강은 라오스 산지에서 발원하여 몇 개의 지류와 합류한 다음, 하류에 이르러 몇 갈래로 갈라져 삼각주를 이루고 세계적인 곡창지대를 만들어 주었다. 길이 370킬로미터의 강은 방콕 시내를 S자형으로 굽이굽이 30킬로미터를 돌아 사아암 만으로 빠진다. 방콕의 수운 이용은 서울과는 비교가 안 될 정도이다. 차오프라야 강이 경제적으로 이용되고 있다는 증거이다. 대중수상 교통망으로 말하자면, 리버 버스는 우리나라 서울의 올림픽대로와 같은 도시간선 교통망과 같은 역할을 하고 있고, 수상시장·수상주택 등 다용도로 경제에 기여한다. 그러나 이 글을 쓰고 있던 도중 방콕을 비롯해 태국 전역이 홍수로 물난리가 났다. 특히 아유타야 왕조의 유적이 물에 잠기고 있다는 기사를 보고, 세계의 유적 보전이 전 지구적인 기후 변화에 얼마나 큰 영향을 받으며, 하천의 치수가 얼마나 중요한지를 생각하게 된다. 아유타야의 유적은 세계유산인데 침수되고 유적 보존이 위태롭게 되어 세계적인 관심거리가 되고 있다.

리버 버스는 대중교통 수단인데, 출퇴근 시간에는 어떤지 몰라도 우리가 탔던 시간에는 관광객들로 붐볐다. 과연 관광대국이로구나 하는 생각이 들었다. 강물은 홍수라도 났을 때처럼 흙탕물에 가깝다. 굉장히 빠른 스피드 보트도 목격되는데, 배에 자동차 엔진을 달고 자동차 트랜스미션에 샤프트를 달아 끝에 프로펠러를 연결했

방콕의 수상버스인 리버 버스.

다. 그래서 머플러 없는 엔진 소리도 요란하거니와 굉장한 속력으로 오가고 있었다. 우리 리버 버스는 15분 정도 걸려서 왕궁에 도착하였다. 왕궁으로 들어가는 입구엔 자연스럽게 노점상이 좌판을 벌이고 햇빛 가리개로 파라솔까지 설치해 놓았는데 왕궁 입구는 관광객으로 발 디딜 틈이 없다. 10여 분을 걸어가서 왕궁 입장권을 사려고 하니 관광객이 긴 줄을 서고 있다. 무더운 뙤약볕 아래 서서 기다릴 자신도 없고 오후 2시에 떠나는 장거리 기차표를 사 놓은 상태라 하는 수 없이 12시가 되기 전인데도 후아람퐁 역으로 향했다. 매일 한 번 떠나는 국제열차는 콸라룸푸르까지 가는 직행은 없고 피낭 입구인 버터워즈에서 갈아타야 한다.

세워진 지 백 년이나 된 후아람퐁 중앙역사는 방콕의 랜드 마크이다. 20세기 초 건축된 이 거대한 돔형 건물은 한쪽에 대합실이 있고, 다른 한쪽에는 승차 플랫폼으로 들어가는 개찰구가 10여 개나 뻗어 있다. 그래서 유럽의 대도시 터미널과 같이 지상에서 계단 없이 바로 플랫폼으로 갈 수 있는 편리한 구조로 되어 있다. 태국에는 아직 고속철도망은 없다. 다만 중국과 합작 사업으로 고속철도를 부설하는 계획이 추진되고 있다고 한다.

플랫폼 출입구 정면에는 태국 사람들이 가장 존경하는 라마 5세 쫄라롱꼰(Chulalongkorn) 대왕의 거대한 초상이 걸려 있어 처음 역사에 들어오는 사람들의 각별한 관심을 끈다. 밑에서 위로 쳐다본 역사의 돔형 지붕 구조가 좀 낡아 보인다. 오래된 역사 건물이라고 하기에 충분하다. 하지만 일단 대합실에 들어서면 찌는 듯한 무더위를 잊을 정도로 냉방과 공조가 잘되어 있다. 대합실 한쪽에는 서점이 들어서 있고 양옆으로 있는 메자닌(Mezzanine) 층에는 식당과 찻집이 있다. 대합실엔 구미계의 배낭여행객이 꽤 들어서 장거리 기차를 기다린다.

후아람퐁 중앙역 대합실.

대합실엔 벤치가 별로 없어 배낭여행객이 바닥에 배낭을 뉘어 놓은 채 쉬거나 잠자고 있었다. 태국 사람들의 왕에 대한 존경과 사랑은 대단하다고 한다.

1782년, 수도를 방콕으로 정한 차크리 왕조가 새롭게 들어서고, 아유타야 시대부터 역대 국왕의 탁월한 외교가 태국을 이 일대에서 유일하게 독립을 유지하면서 왕조로 남아 있게 하는 탁월한 통치력을 낳았다. 동남아에서는 유일하게 영국과 프랑스의 양 대국의 식민지가 되지 않고 독립을 유지할 수 있었던 것은 1868년에서 1910년 사이에 통치했던 라마 5세 쫄라롱꼰 국왕의 탁월한 능력 덕분이었다는 것이다. 1950년대 율 브리너가 출연한 뮤지컬 〈왕과 나〉의 모델이 바로 쫄라롱꼰 대왕이란 사실은 널리 알려졌지만, 태국 사람들은 자기 나라의 국왕이 희화화되는 것을 별로 좋아하지 않는다고 한다. 제2차 세계대전 당시 동남아 전역이 일본 제국의 침략과 점령을 당했는데, 오직 태국만이 일본의 점령을 면했다고 하니 태국 왕실의 외교력을 가히 가늠해 볼 수 있을 것 같다.

20세기 중반에 새로 독립한 베트남, 라오스, 캄보디아에 사회주의 정권이 들어섰음에도 불구하고, 태국은 유일하게 입헌군주제와 자본주의를 꿋꿋하게 지켜냈다. 현재의 국왕 라마 9세 푸미폰 아둘랴데(Bhumibol Adulyadej) 국왕은 1932년에 등극하여 아직도 통치하고 있다. 그러나 국왕의 통치력이 강력하면서 군부의 정치개입이 오래된 사실이고 보면, 국왕의 배후에는 군부가 있었던 것은 아닌지 모르겠다. 태국 국민의 끊임없는 저항으로 1992년 군부가 물러나긴 했으나 이 나라는 아직도 군부의 발언권이 강하다고 한다.

리버 버스를 타고 왕궁으로 향하는 도중 불교사원이 여기저기 보인다. 그 규모도 대단하다. 태국은 불교가 국교인 나라이며 국민 90퍼센트가 불교신자라고 한다. 태국의 불교는 대중의 구제보다는 개인의 해탈, 열반을 강조하는 상좌불교이며 국왕은 불교의 수호자이다. 13세기 수코타이 왕조 때 스리랑카로부터 소승불교를 도입한 것인데 15세기 아유타야 왕조 때에는 크메르의 힌두교 요소가 많이 도입되어 왕에 대한 신성(神性)이 부여되는 등 불교와 힌두교가 혼합된 모습을 보인다고 한다.

태국 민족이 현재의 강역에 이주해 온 것은 그리 오래된 일은 아니다. 타이족은 바이족과도 가까운 민족인데, 지금도 중국 윈난성과 광시자치구에 널리 퍼져 살고 있는 소수민족 중 하나이다. 이들은 양쯔강 상류에 벨트 지역을 형성하면서 살다가 10세기에 들어 한족의 압력을 받으면서 남하하기 시작한 것으로 확인된다. 13세기에 들어서면서 대륙에서 칭기즈 칸의 남하와 침공이 시작되고 이에 밀린 타이족은 메콩 강을 따라 남하하면서 선주민을 제압한다. 타이족에 밀린 동남아시아는 새로운 전기를 맞이한다. 이제까지 이 땅에 살던 몽, 크메르족은 서쪽과 북쪽으로 밀려났다. 타이족의 침공을 받아 멸망한 왕조는 바로 앙코르와트와 같은 찬란한 유산을 남긴 크메르 왕조이다. 즉, 1238년 캄보디아 앙코르 왕조가 지배하던 태국 북부 지

〉 차오프라야 강가의 사원.

역이 타이족에게 함락된다. 이미 북부는 타이족의 소왕국이 난립하였지만 수코타이 왕조의 점령은 특별한 의미를 가진다. 북부 고산지대와 중부 평야지대의 경계선에 위치한 수코타이의 점령은 중부 평야지대로 타이족의 이민을 가능하게 하였던 것이다.

오늘날 태국의 지도를 보면 알 수 있는 사실이지만, 타이족은 남쪽으로 계속 흘러들어가 말레이 반도 남부까지 점령하게 된다. 동으로는 리오족이 비엔티엔 일대를 차지하고 크메르족은 서남부로 밀려났다. 타이족의 진출은 계속되어 수코타이 왕조보다 훨씬 더 남하하여 1351년, 아유타야 왕조가 성립되면서 라오스 일대를 정복하고 동남아시아의 주역으로 위치를 확고히 다지게 되었다. 샤이암 평야지대의 패자였던 앙코르라는 거대한 문명을 만들어 낸 앙코르 왕조는 타이족과 수십 년 동안 갈등과 투쟁 끝에 몇 번을 지고 쇠약해지다 중부 산간지방으로 밀려나더니 다른 형태의 왕조를 세워 연명하기에 급급하였다. 한편, 이웃 베트남에는 후에를 수도로 한 구엔(阮) 왕조가 남방으로 팽창을 계속하여 메콩 델타를 차지하면서 이제까지 크메르족이 차지하던 쌀농사 곡창지대를 월족에게 넘겨주게 된다. 베트남의 팽창과 새로운 맹주의 등장이다. 타이족의 아유타야 왕조는 1767년 미얀마 왕조 군대의 침공을 받아 멸망하고 1782년 현 방콕의 차크리 왕조의 성립 이후 지금까지 이어진다.

우리가 여행한 직후 태국은 대홍수가 일어나 몇 달 동안 수도 방콕과 세계유산이

아유타야 유적. ⓒ Can Stock Photo

있는 아유타야까지 범람했다. 도심을 노 저어 다니는 사람들, 잠긴 문화유산 등이 한동안 보도되어 우리 모두를 안타깝게 했다. 아유타야 유적은 차오프라야 강 지류가 합류하는 지점에 세운 고대 도시로 태생부터 이런 약점이 있었으나 근년에 들어서 기후 변화로 인해 자주 홍수가 일어나서 문화유산 보존에 적신호가 켜져 있었다.

아유타야 왕국은 크메르 왕국을 멸망시킨 왕조로, 전성기에 현대의 라오스와 캄보디아 전역, 미얀마 일부를 차지한 광대한 왕국이었지만, 1767년 버마 군의 침공으로 멸망하고 만다. 15년 동안 영토의 대부분을 미얀마 군대의 점령·지배를 받다가 방콕에 차크리 왕조를 세우면서, 다시 태국의 영광을 되찾게 된다. 사실 당시에 밀려 들어오는 유럽 세력의 식민지 지배를 면한 것은 오직 타이 왕조였는데, 이는 아유타야 왕조 4백 년 동안 군주와 지도자들이 보여준 유효하고도 기민한 외교정책 때문이었다. 아유타야 왕조의 최고 전성기 때의 아유타야는 인구 60만 명을 포용하는 국제적인 도시였다. 당시부터 남아온 건축물 유적을 보면 아유타야 왕조가 인도와 중국의 영향을 조화롭게 승화시킨, 동남아시아 대륙부의 한 보편적인 문화를 탄생시킨 왕조였음을 확연하게 보여준다.

태국 왕궁.

약 5백 년 전부터 방콕 지방은 쌀농사의 곡창지대였다. 이것은 아유타야 왕조 시대에 시작된 대대적인 치수와 관개사업 덕분이었다. 타이족이 남하해 오기 전의 선주민은 소규모의 쌀농사만을 지었을 것이다. 그러므로 방콕 부근의 광활한 논은 타이족이 차오프라야 강의 물을 농사에 이용하면서부터 개간된 농토라고 할 수 있다. 물을 다스릴 줄 알고 철기를 사용할 줄 아는 민족인 타이족은 차오프라야 강 유역에서, 미얀마족은 에디야와디 강 유역에서 태국과 미얀마의 문명세계를 만들어 냈다는 것이다. 강과 유역이 커야 광범위하고 강력한 지배권역(제국이나 왕국)을 탄생시킨다는 사실을 증명한 셈이다. 미시시피 강이나 아마존 강에는 이러한 현상이 일어나지 않는다. 강을 다스리고 이를 농사에 이용(관개)하지 못하였던 것이다.

남하하면서 세력 범위를 확대하고 선주민을 흡수하여 통합된 국가를 이룩한 타이족은 불교를 국교로 받아들였다. 동남아시아에 전파된 불교는 소승불교로 분류하는데, 산스크리트어인 '하나야나(Hanayana)'의 한역(漢譯)으로 '작은 수레'라는 뜻이다. 대승불교의 대승(大乘), 즉 큰 수레와 비교되는 말이다. 실상 소승불교는 석가모니 시절의 원시불교와 더 가까운 종교관을 보존하여 오고 있다고 하는데, 석가모니가 가르치고 수행한 자신들 중심의 수행을 통하여 열반에 이름을 강조한다고 한다. 그래서 동남아시아 불교 수행자들은 출가하여 자신들만의 득도를 중시하여 대승불교 측으로부터 이기적 수행을 추구한다는 비난을 받고 있다.

〉 태국 왕궁 전경.

'소승'이란 명칭도 본래 대승 개척자들이 붙인 것으로 소승불교에서는 '소승'이라고 부르지 아니하고, 학계에서는 '상좌불교'라고 부른다. '상좌'란 '장로(長老)'라는 뜻으로, 부처의 가르침을 충실히 전수하는 장로들의 전통, 혹은 교설에 충실한 불교를 의미한다. 상좌불교는 2천여 년에 걸쳐 스리랑카·미얀마·타이·라오스·캄보디아 등 동남아시아에서 하나의 불교문화권을 형성해 온 종교 전통으로 사회·문화·윤리·사상 등 삶 전체에 영향을 끼쳐 왔다.

수코타이와 아유타야에는 지나간 왕조의 불교 통치 유적이 남아 있어 세계유산으로 지정·등재되어 있다. 그러나 차오프라야 강 유역이 범람하면서 문화유산 보존에 어려움을 겪고 있다. 지난 20년 동안 자주 침수되었고, 2011년 침수로 인해 2개월 동안이나 2미터의 물에 잠겼던 유적도 있다. 이는 기후 변화에 원인이 있겠지만, 난개발과 상류 고원지대의 산림 벌목으로 홍수 때마다 강의 범람을 초래하고 있어 문화유산 보존에 심각한 문제를 제기하고 있다.

메콩 강과 차오프라야 강을 타고 중국 남부에서 태국평원으로 남하한 타이족 민족 공동의 기억 속에는 물에 대한 감사가 민속적인 축제로 승화·발전되었다. 윈난성 징훙(景洪)에서 벌어지는 '발수절(潑水節)'이나 태국의 '송끄란(Songkran)' 축제 모두 물과 관련된 민족적 기억의 소산이라고 한다.

위·아래, 오스만 황실의 유물.

송끄란은 축복을 기원하는 뜻으로 서로에게 물을 뿌리는 놀이로서 '물의 축제'라고도 불리며 다채로운 행사가 열린다. 송끄란은 산스크리트어에서 유래한 말로서 '이동' '장소 변경'을 뜻하며 매년 타이력(曆)의 정월 초하루인 송끄란(4월 13일)을 기념하여 4월 15일까지 주요 도시에서 열리며, 이중에 '치앙마이 축제'가 가장 많이 알려져 있다.

버터워즈행 국제열차 35호

중앙역을 2시 좀 넘어 출발한 우리 열차는 서서히 시외로 빠져나왔다. 차창 밖으로 철로변에 자리 잡은 서민층 주택가의 좁은 골목과 비를 막기 위해 갖가지 재료를 모아 만든 모자이크 지붕, 너저분하게 널린 빨래 등 도시의 잡다한 생활 풍경이 스쳐간다. 한국전쟁 직후, 우리나라 청계천의 모습과도 비슷하다.

왼쪽, 태국과 말레이시아 국경 역사.
오른쪽, 버터워즈행 기차가 선 플랫폼.

침대열차 객실에는 보도를 사이로 양옆을 마주보는 상하단 침대가 놓여져 있는데 낮에는 상단 침대를 접어 벽에 붙여 놓고 저녁에는 승무원이 침대를 만들어 준다. 중국에서 타 본 침대열차보다 훨씬 편하다. 열차가 출발하자 승무원이 자리를 찾아와서 메뉴를 제시하며 저녁과 아침식사를 준비한다. 150바트를 주고 태국 요리 세 종류를 맛볼 수 있는 세트를 주문하였다. 우리 돈으로 6천 원가량 되니 비싼 편은 아니다.

우리가 탄 열차에는 동남아 사람들, 중국 사람들, 인도 사람들, 백인 여행객 등 매우 다양한 사람들이 탔으나 만원은 아니었다. 나는 한국에서 같이 온 S선생과 마주했기 때문에 그들과 섞일 기회는 없었다. 다음날, 이른 아침 국경을 넘을 때

쿠알라룸푸르행 야간 침대열차.

는 일단 모든 짐을 가지고 내리라 하여 두 나라의 출입국 관리와 세관이 있는 건물로 안내되어 두 나라의 출입국 수속을 순차적으로 밟았다. 모두 걸린 시간은 약 1시간 정도.

국경을 통과한 기차는 말레이 반도를 매우 느리게 달린다. 한 시간쯤 달리고 나니 넓은 들판이 다시 나타난다. 반도 동편에서 서편으로 높지는 않았지만 산맥을 넘은 것 같다. 방콕을 떠나 만 하루 동안 동남아시아의 푸르고 풍성한 자연 속을 달렸다.

야자수 농장, 고무나무 밭 그리고 수전들, 모두 인간에게 풍성한 열매를 안겨 주는 대자연이다.

열차가 말레이시아 국경 역에 도착하였을 때 10량이었는데, 궁경을 떠날 때는 달랑 2량만 달고 홀가분하게 떠난다. 종착역 버터워즈까지는 서너 시간 걸리는 거리로 열차가 태국 철도 소속인가 보다. 방콕에서 싱가포르로 가는 직행 열차는 없다. 버터워즈에서 콸라룸푸르까지 열차를 바꿔 타야 하고, 싱가포르로 가려면 콸라룸푸르에서 다시 바꿔 타야 한다. 그래서 방콕에서 싱가포르까지는 48시간 걸린다고 한다. 한 달에 한 번 호화열차 '오리엔트 익스프레스'가 싱가포르에서 방콕까지 3박4일의 일정으로 운행하는데 비용이 만만치 않다. 우리가 탄 35번 열차는 방콕에서 버터워즈까지 926킬로미터를 23시간 만에 주파하였다. 버터워즈는 피낭 섬과는 페리로 10분 정도 걸리는 피낭의 입구이다. 14분마다 페리가 운행하며 1985년 연륙교가 완공되어 멀리 돌지만 편리하게 자동차로도 갈 수 있다.

우리는 밤 11시에 떠나는 콸라룸푸르행 야간 침대열차를 예약하여 놓았기 때문에 여기에 9시간가량 머물 수 있는 시간 여유가 있었다. 짧은 시간에 피낭을 보려고 미리 관광 가이드를 수배하고 버터워즈에 도착하였다. 리처드 보이라는 중국계 피낭 거주 가이드가 차를 가지고 역에서 마중해 주어서 페리에 차를 싣고 들어갔다.

피낭 섬이 가까워지면서 오래된 스카이라인이 가까이 다가온다. 피낭 항구에는 대형 크루즈선이 정박해 있는 모습도 보였다.

말레이시아, 말라카 해협

말레이 반도는 폭이 가늘고 긴 반도이다. 위도상으로 방콕 근처에서 맨 끝 싱가포르 해안까지의 거리는 2천 킬로미터가량 되고, 폭이 제일 좁은 곳은 태국과 미얀마 국경 근처 크라 이스무스(Kra Isthmus)로 이 반도의 폭은 64킬로미터가 된다. '이스무스(Isthmus)'의 의미는 '지협(地峽)'이라는 뜻이다. 여기서부터 말레이 반도는 다시 넓어져 뱀 머리와 비슷한 모양으로 굵어졌다가 싱가포르 대안에서 끝이 난다. 이스무스 지협에서 싱가포르까지의 거리는 1천 킬로미터이다. 반도가 다시 볼록해지는 곳에서부터 말레이시아 영토가 시작되는데 여기서부터 서편의 거대한 섬 수마트라가 인도양을 비스듬하게 가로막아 전장 9백 킬로미터의 말라카 해협을 형성하며 북태평양과 인도양의 통로가 된다.

말라카 해협의 너비는 250킬로미터에서 70킬로미터 정도로 좁아지며 평균 수심은 25미터이다. 해협이 싱가포르 근처에 이르면 무수한 섬과 암초가 널려 있고 필립 수로(Philip's Channel)는 너비가 겨우 2.8킬로미터이며, 수심 23미터로 좁고 얕아 대형 선박은 통과할 수도 없다. 이 해협은 동아시아 국가의 생명선으로서 매년 이 해협에는 5만 척 이상의 수송선과 유조선이 통과하고 전 세계 교역량의 1/4이 이곳을 통과

〉 말라카 해협.

하는, 세계에서도 가장 중요한 전략적 요충지가 된다.

말레이 반도는 14세기까지 힌두교를 신봉하는 랑카스카 왕조가 지배하다가 인도네시아의 스리비자야 왕조에게 지배받게 되나, 지역의 술탄은 지방 영주로서 지위를 계속 유지하여 왔다. 인도네시아와 필리핀의 도서국가와 마찬가지로 열대 지방의 우거진 산림이 가득 찬 산지는 개간이 불가능하여 농경이 어려웠다. 당시의 왕조는 해안에 항만도시국가를 이루고 해운과 무역을 하면서 부를 창출해 왔기 때문에 동남아시아의 왕조는 항만도시를 연결하는 소도시연합이 지배 체제였다고 설명한다. 지금도 동남아시아의 내륙에는 도로망이 잘 갖추어지지 않아서 들어가기가 쉽지 않다.

술탄의 저택.

13세기경 이슬람이 동남아시아에 들어오면서 도서부 일대의 왕조는 이슬람화한 술탄 체제를 유지해 오다가 16세기 포르투갈의 진출 이래 유럽의 식민지가 되었고, 말레이 반도의 경우는 17세기부터 영국의 식민지로 3백 년의 세월이 흐른다. 그동안 영국은 형식적으로 술탄 체제는 존치시켜 왔다. 제2차 세계대전 당시 일본에 의해 4년 동안 점령당했었고, 전쟁 후에는 1960년 말레이시아가 공산당 게릴라 제압에 성공하여 영국 통치로부터 독립한다. 영토는 영국의 식민지

왼쪽, 그물을 손질하는 말라카 해협의 어부.
오른쪽, 관광용으로 화려하게 꾸민 마차.

였던 보르네오 섬의 사바와 사라와크 주를 합병하였으며, 면적은 32만 평방킬로미터, 인구는 2천 8백만이다.

　말라카 해협을 통과하는, 바다의 교역로는 기원 이전부터 지중해(및 중동 지역)에서 인도양과 동아시아(주로 중국)를 이어주는 루트로 존재하였다. 무역선들은 남중국해와 인도양에 부는 무역풍을 이용하여 항해하였다. 그런데 말라카 해협에 이르면 말레이 반도와 수마트라 사이의 높은 산맥에 가려 거의 바람이 불지 않고 암초도 많았기 때문에 부근 지리에 정통한 현지의 작은 배를 빌려 노 저어 끌어가는 방법으로 항해하여 해협을 통과해야 했다. 하지만 이렇게 통과하는 데만도 40-50일 정도 걸렸다고 한다. 여기에 강력한 통치 세력이 없거나 쇠약해지면 좁은 해협에 해적이 들끓어 아주 항해하기 어려운 난소로 꼽혔었다. 이러한 장애를 극복하기 위해 무역 상들은 말레이 반도 이스무스(地峽) 지대의 육로로 낙타나 말을 이용하여 횡단하는 수단을 강구하기도 하였다. 실제로 태국만과 안다만 해를 횡단하는 지역에서는 송·명 시대의 도자기 파편이 많이 출토되었음이 이를 증명한다고 한다.

중국 당(唐)의 최고 전성기인 8세기에는 육로 실크로드가 재개되어 무역이 활발해지고 동시에 화남 광저우에도 해로를 통해 무역선이 내도하여 커다란 국제항이 되었다. 8세기 초부터 14세기 말까지 수리비자야 왕국(중국 문헌에는 '室利佛逝'로 나타남)은 말레이 반도와 수마트라, 그리고 자바와 보르네오 일부를 아우르는 해상 세력으로 발전하여 중국에서 인도로 가는 무역을 중계하고 무역 거점이 되면서 거대한 부를 축적하였다. 그러나 스리비자야의 수도가 어디냐 하는 데는 정확한 증거가 없어 여러 가지 설이 존재한다. 정글로 뒤덮인 지역에서 아마도 해상의 왕래가 가장 효율적인 수단이었을 것이고 따라서 이 왕조는 해안 여러 곳에 거점을 가졌거나 왕도를 순회하는 제도로 다스렸을지도 모른다.

15세기 대항해 시대 이후, 포르투갈이 필두에 서유럽 세력이 앞다투어 아시아로 진출한다. 포르투갈이 아시아로 진출하는 데 앞서게 된 동기는 아프리카 동부와 무역 거래를 하면서 대륙 서안을 따라 남하하며 얻은 항해 경험이다. 바스코 다 가마

식민지 시대의 건물.

멜라카 요새.

가 이끄는 포르투갈 상선단은 포르투갈에서 멀리 아프리카 희망봉을 돌아 1498년 모잠비크와 인도 고아에 도달하고 5년 후, 1505년 고아에 포르투갈 식민지를 건설하고 1511년 말라카를 무력 점령하며 마카오에는 1512년에 도달한다. 마카오를 다루는 장에서 좀더 상세히 살펴보겠지만, 당시 이런 먼 우회로를 돌아온 배경은 14세기부터 지중해와 발칸 지방을 차지한 오스만제국 때문이었다.

멀고 먼 우회로를 돌아 아시아에 와서 획득하고자 한 물품은 후추와 육두구(肉荳蔲) 같은 향신료였다. 향신료는 인도네시아령 수마트라와 몰루카 제도가 주산지였다. 포르투갈 상선단은 수마트라까지 왕복 2년이나 걸린 항해임에도 불구하고 아시아의 후추 무역으로 들어간 비용의 60배를 벌었다는 기록이 있을 정도로 동양 무역은 매력적인 것이었다. 새롭게 피낭, 말라카 및 바타비아가 동서 무역의 중요 거점이 되었다. 포르투갈은 1522년 당시 수마트라의 순다 술탄이 포르투갈 함대를 끌어들여 말레이 반도에 포르투갈이 거점을 마련하게 되었다. 포르투갈은 이어 마카오까지 진출하여 향후 백 년 동안 아시아 무역에서 큰 이익을 올렸다. 그러나 16세기가 되면서부터 네덜란드와 영국이 바짝 포르투갈의 뒤를 쫓아 아시아로 진출하며, 훗날 포르투갈은 1596년 네덜란드 함대에 밀려 인도네시아에서 떠나 마카오에 거점을 잡게 된다. 네덜란드는 동인도회사를 차려 인도네시아에 식민지를 경영하고 독점적인 지위를 이용하여 이후 3백 년 동안 바타비아(현재 자카르타)에 본거지를 두고 인도네시아를 지배 경영한다. 물론 이런 과정에서 뒤쫓아 온 영국과 향료를 둘러싼 치열한 전쟁까지 치렀다. 영국은 싱가포르를 차지한 1812년 한때, 네덜란드가 점령하고 있는 자바 섬을 탈취·점령한 일이 있으며, 이때 싱가포르 건설자 래플스 경이 자바의 문화유산 보로부두르와 프람바난 사원을 발견한다.

피낭의 거리 풍경.

피낭 섬은 동서로 15킬로미터, 남북으로는 25킬로미터가 되고, 면적은 287평방킬로미터인 섬이다. 광역시의 인구는 약 150만 명으로 말레이시아 제2의 도시이며, 중국 화교가 도시 인구의 45퍼센트를 차지하는 다문화도시인데, 피낭은 관광도시, 버터워즈는 공업도시로서 기능한다. 피낭의 다른 이름 '조지타운'은 1786년 영국 동인도회사 프란시스 라이트 대령

위. 콘월리스 요새.
아래, 중국 상인들이 거주했던 피낭의 건축물.

이 오랜 우여곡절 끝에 콘월리스 요새(Fort Cornwallis)를 건설하였다. 그는 동북단에 요새를 짓고 정글을 불태워 시가지를 만들어 갔다. 최초로 만들어진 거리 '비치 가, 라이트 가, 피트 가, 비숍 가'는 지금도 그 자리에 있다. 조지타운은 무역기지로서 빠른 성장을 하여 20년 만에 인구가 1만 2천 명 정도로 불었다. 오래전부터 동남아에서 장사를 하던 중국·인도 상인이 대거 이주하여 왔다. 지금 피낭의 인구는 45퍼센트가 중국인이고 말레인은 43퍼센트, 인도인이 9퍼센트이다.

피낭은 20세기 들어 유수한 국제도시로 변모하는데 오리엔탈 호텔과 같은 저명한 숙박시설이 들어서고 서머싯 몸, 러디어드 키플링, 헤르만 헤세와 같은 저명인사들이 찾아와 휴양지로서 탈바꿈하였다.

우리가 찾아간 날은 일요일이어서 거리는 무척 한산하였다. 그래서 오히려 자동차로 거리를 돌아보는 데 길이 막히지도 않고 주차하기도 편해서 짧은 시간에 여러 곳을 돌아다닐 수 있었다. 거리와 주택은 고풍스러운 형태를 그대로 잘 보존하고 있고 유럽이나 미국 어디의 해변 휴양도시와 비교해도 좋을 만큼 화사하면서 청결함을 유지하고 있었다. 우리를 안내한 보이 씨는 관광안내자격증을 가진 중국계 사람인데 연간 6백만 명의 관광객이 피낭에 찾아온다고 한다. 근년에 들어 9·11 이후 미국에서 찬 대접을 받는 중동 부자들이 이곳에 세컨드 홈을 사 놓아 부동산 가격이 10년 전과 비교하여 20배 정도나 올랐다고 귀띔해 준다. 중동 사람들은 요즘 미국이나

위, 피낭 해변.
아래, 말라카 수상가옥.

〈 피낭의 모스크.

유럽에 가면 중동 테러리스트들 때문에 대접받지 못하는 분위기여서 마음 편하게 같은 회교 국가로 쉬러 온다는 것이다. 배로 3시간 정도 걸이는 랑카위 리조트로도 갈 수 있다.

말라카와 피낭은 동서양의 교역 기능에서 생긴 역사성이 있고, 이를 잘 보존한 식민지 시대 타운으로 세계유산으로 등재되어 있다. 유네스코는 이 두 도시를 세계유산으로 등재하면서 다음과 같이 두 도시의 독특한 보편성을 인정했다.

"말라카와 조지타운은 과거 동서양을 잇는 무역항으로서 생긴 역사와 문화가 남아 있는 식민지 시대 타운이다. 이곳은 영국을 비롯하여 유럽과 중동, 그리고 인도와 말레이 제도를 거쳐 중국에 이르는 무역 루트에서 기원한 다문화적 유산이 다수 남아 있다. 그리고 그 유산이 가장 완벽하게 생존하는 역사 중심지이다. 다수의 종교와 문화가 만나고 공존하는 아시아의 다문화적 유산과 전통이 살아 있다는 증거다. 여기에는 말레이 제도, 인도, 중국 및 유럽의 문화적 요소가 합쳐져서 독특한 건축과 문화 및 도시의 모습이 창조되었다."

우리는 이날 더위에 무척 지쳤다. 라마단 기간이었기 때문에 저녁이 되자 낮 동안 한산했던 해안거리가 저녁을 먹고 나온 사람들로 붐비기 시작했다. 쇼핑센터, 야시장이 중국인들로 가득 찼다. 야시장에는 끓여 먹고 구워 먹는 중국 음식의 연기와 내음이 자욱하다. 중국 본토의 도시와 조금도 다르지 않다.

우리는 가이드 보이 씨의 안내를 받아 말레이식과 중국식이 섞인 음식점에서 저녁을 먹고, 육로로는 아시아에서 네 번째로 길다는 피낭 대교를 건너 버터워즈 역으로 돌아왔다. 그리고 11시 30분에 떠나는 침대열차를 타고 7시간을 달려 3백 킬로미터 떨어진 콸라룸푸르에 7시에 도착했다. 비행기는 12시 20분에 떠나기 때문에 가방을 들고 어디 가거나 레스토랑에 들어가기도 시간이 충분하지 않았다. 공항에서 샤워를 할 수 있기 때문에 식행 열차를 타고 공항으로 바로 나와 3박4일간의 배낭여행 일정을 마쳤다.

마카오 신시가 © leungchopan−CanStock Photo

명·청대의 대남 진출과 무역

송(宋)대 이후 중국 도자기는 중국의 중요한 수출품이 되었다. 이전까지는 사막 실크로드를 통해 비단이 활발하게 유통되었지만, 중앙 및 서아시아 여러 나라에서 잠업이 시작되면서 중국의 비단 수요가 그만큼 줄어들었다. 이때 처음으로 아라비아 상인들에 의해 도자기가 '차이나'라고 불릴 정도로 중국을 대표하는 수출품으로 출현하게 되었다. 도자기는 토기 표면에 유약을 바르고 1천 도 이하로 구운 도기, 그 이상의 온도에서 구운 자기로 구분된다. 문화·예술과 산업의 발전에 따라 풍요로운 생활을 영위하던 송대에 이르면 중국 각지에서 생산된 도자기가 해외 여러 나라에 수출되기에 이른다. 우리나라 신안 앞바다에서 건져 올린 유물선에서 대량의 송대 도자기가 발견된 것은 이때의 도자 생산 수준과 교역의 규모를 가늠할 수 있는 증거가 된다. 원명청(元明淸)대에 이르기까지 푸젠·제장·광저우 세 해안 지역에서 도자기·견직물 등의 무역이 성행하였다.

　나는 중국의 도요지를 보려고 수년 전 황산과 안후이성(安徽省) 횡춘(宏村) 마을을 들렸다가 징더전(景德鎭)을 찾아가 본 일이 있다. 국공내란으로 징더전의 요업이 한때 저조했던 틈을 타서 일어난 일본 이마리야키(伊万里焼)와 아리타야키(有田焼) 도요지도 몇 번 찾아가 본 일이 있다. 중국이 개방되고 산업화의 길을 걷던 2천 년대 초의 징더전은 대단히 활기가 있었고, 반대로 일본의 도요지는 일본의 요즘 경기라

초벌구이한 도기를 옮기는 도공.

도 반영하듯 꽤 차분하다는 인상을 받았다.

징더전 요에서 생산되는 도자기들은 관용뿐만 아니라 멀리 유럽에까지 수출되던 명품이었는데, 명대에 이르면 제장성, 절강성의 징더전 관요(官窯)와 어기창(御器廠)이 설치되어 착실하게 발전을 이룩하면서 도자기 산업도 발전하여 갔다. 그러다가 명의 만력제가 관요의 조업을 중지시켰는데 그 후 청의 등장과 동란의 와중에서 징더전의 도자기 생산은 크게 감소되었다. 전쟁과 혼란기에 쇠퇴하여 수출 여력이 없어지게 되자 일본의 아리타야키와 이마리야키 등에 영광의 자리를 내주게 된다. 일본에서 18세기까지 유럽에 수출된 도자기는 수백만 개에 달한다고 한다. 그런데 이들 도자기는 임진왜란 때 조선에서 포로로 끌려간 이삼평(李參平)이 만들어 낸 것이 아닌가? 그것도 임진왜란이 끝나고 20여 년 후의 일이니 명은 조선을 도우러 왔다가 망하고, 조선에서 끌려간 도공은 일본에서 유명한 도자기를 생산해 내다니 역사의 아이러니라고 아니할 수 없다.

유럽의 명품 도자기는 주부라면 꼭 하나 가져보고 싶은 가정용품 중 하나이다. 그런데 유럽 사람들이 도자기를 처음 접한 것은 중국과 일본 도자기부터였다. 그들은 한동안 중국과 일본에서 도자기를 수입해 쓰다가 자기네의 기술을 개발해 도자기를 제작하기에 이르렀으며, 이것은 18세기 이후의 일이다.

위. 징더전에서 생산된 화병에 채색하는 도공.
아래. 완성된 기물을 옮기고 있는 어린 소년들.

향신료 또한 동서교류에 커다란 영향을 주었다. 고대 이래 후추(胡椒, Pepper), 육

일본의 이마리 도자기 마을.

두구(肉荳蔲, Nutmeg), 계피(桂皮, Cinnamon), 정향(丁香, Clove)이 중요한 무역품이 되었다. 이런 향신료는 처음에는 몰루카 제도에서 나오는 정향과 같은 향신료가 거래되었고, 점차 인기가 높은 수출품인 후추가 말레이 반도, 수마트라, 자바 등지에서 재배되기 시작했다. 이후부터 중국에서도 동남아시아의 향신료를 수입하기 시작하는데, 이는 농업 생산이 풍부해지자 중국 요리가 발달하면서 동남아시아의 향신료를 도입했기 때문이었다. 남송 때는 항저우에서 가까운 취안저우가 광저우를 능가하는 무역항이었다고 하는데, 중국의 무역선이 필리핀 마닐라를 지나고 다시 몰루카 제도와 칼리만탄에 이르는 항로가 개발되었다. 다른 하나는 광저우에서 인도차이나 반도, 태국, 말레이 반도에 이르는 무역 항로가 개발되었다고 한다.

아시아로부터 들여가는 향신료가 각광받게 된 것은 유럽 여러 나라들이 아시아로 진출하는 데 동기가 되었지만, 향신료를 둘러싼 동서 접촉과 교류는 15세기 이후의 문화·경제 지도까지 바꾸어 놓았다. 중국에서는 요리법의 발전과 더불어 일어난 향신료 수요가 무역을 촉발시켰다. 유럽에서는 북해 어업이 발달하여 절이거나 말린 생선을 요리하는 경우가 많아지자 생선의 비린내를 제거하기 위한 향신료 수요가 크게 늘어났고, 이에 따라 무역도 활발해졌다. 향신료는 방부력(防腐力)도 뛰어나 향신료의 대한 가치가 점점 높아지게 되었다.

중국 도자기 무역은 우리의 상상을 뛰어넘는 광범위한 것이었다. 지금까지 동남아시아 일대에서 중국의 도자기가 출토된 곳은 필리핀의 루손 섬, 브루나이, 사라와크, 말레이 반도, 수마트라, 자바에 이르는 동남아시아 전역이다. 출토품은 9세기에서 16세기에 이르는 시대의 것들이다(『入門東南アジア研究』, KKメコン, 2000). 중국은 원래 황하를 중심으로 일어난 나라이고 해양으로의 진출은 늦은 편이었다. 대만을 정복하는 것은 17세기 청나라 때의 일(1683)이다. 명나라 유신 정성공(鄭成功)은 청에 대항하면서 대만으로 피하였다고 하는데 이를 추적하면서 얻은 것이다.

그런데 중국은 유럽인들이 아시아로 진출하기 이전부터 동남아시아와 인도, 그리고 멀리 아랍 상인들과 교역이 있었다는 것은 이미 적시한 바 있지만, 명은 어떻게 된 것인지 정허(鄭和)의 원정 이후 후계적인 해양 진출을 접어 버리고 말았다. 같은 시기 일본도 전국 시기를 벗어나지 못하던 시기였다. 중국은 이때부터 3개 마스트를 장착한 정크의 건조를 금지시켰고, 1551년에는 외국인과 접촉한 자를 모두 국사범으로 취급하면서 더욱 해양으로의 진출을 금하였다. 명에 뒤이어 들어선 청도 그 정책을 계승하였던 것이어서, 유럽 세력의 아시아로의 진출에 공백을 만들어 주었던 것 같다. 그렇지만 이미 광저우·푸젠 지역에서 해외교역으로 부를 축적하였거나 경험한 화상들의 사무역은 밀무역 형식으로 진행되었다. 이들의 일단은 이미 말라카와 같은 항구에 상당수를 헤아리고 있었으며, 이들이 장차 동남아시아에 널리 퍼지게 되는 화교의 시작이 되는 것이다. 나중에 언급할 필리핀의 중국계 후예 메스티조(Mestizo)도 이런 배경으로 생긴 그룹이다.

포르투갈은 이와 같은 시기와 배경 아래 청나라로부터 교역국으로 인정받고 마카오를 획득한 후 일본과의 교역을 독점하였는데, 일본에 매년 배 한 척에 실크를 싣고 가서 일본서 산출되는 은과 교환하였다. 이 독점무역은 1638년 네덜란드에 의하여 대체될 때까지 유지되었다. 그 후 마카오는 일본과의 독점적 지위는 잃었지만, 대중국 무역기지로서, 광저우(중국)-고아(인도, 경유)-리스본(포르투갈)에 이르는 무역로와 마카오-마닐라-멕시코와의 무역기지로서 활용되었다. 마카오의 위상은 아편전쟁의 결과, 영국이 홍콩을 획득한 1842년까지 약 3백 년 동안 유럽 여러 나라와 중국 교역의 중개기지로서, 또는 선박의 기항지로서 기능을 담당하였다.

대항해 시대의 포르투갈과 마카오

중앙아시아를 연구하는 한 학자의 주장에 의하면, 이런 세계사의 흐름을 바꾼 것은 몽골제국이 아시아와 유럽을 지배하면서 육로로는 유라시아를 묶는 역참정비와 더불어 해상 루트의 확장으로 말미암아 유라시아를 육로뿐만 아니라 해로로 연결하여 거대한 루프형의 순환 루트를 개척·활성화한 덕분이라고 한다. 이렇게 개척된 바닷길은 중앙아시아 실크로드의 결정적인 쇠퇴를 가져오고 실크로드 교역을 역사적인 것으로 만들었다. 유럽 나라들이 해양으로 진출하는 것과는 반대로, 앞서 언급한 바와 같이 명·청은 바다로 향한 문을 잠그고 주민들에게 해금령(海禁令)까지 내려 백성들의 해상교역과 출입을 막아 버렸다. 이러한 내륙 지향은 명·청의 안전위협 요인이 내륙으로부터 온다는 인식에서 온 것이었는데, 이해는 되지만 교역과 교통을 정지시킴으로써 발전의 동력을 잃고 만 것이다.

유럽이 아프리카를 돌아 아시아로 오게 되는 또 다른 동기의 하나는 다음과 같다. 오스만 터키가 소아시아에서 발칸 반도를 석권하고 콘스탄티노플을 함락시켜 신성 로마제국을 멸망시킴에 따라 그때까지 향신료 무역의 중심지였던 알렉산드리아는 힘없이 쇠락의 길을 걷게 된다. 서방 유럽 나라들은 오스만 터키의 제해권 아래에 있는 지중해와 홍해, 페르시아 녹해를 이용한 항로를 대신할 새로운 항로를 모색하기 시작했다. 포르투갈은 지중해에 속하지 않았던 나라이기 때문에 지중해 경제권에서 소외되었던 나머지 맨 먼저 아프리카를 한 바퀴 도는 새로운 항로를 개발해 인도양에 제일 먼저 들어왔다. 그리하여 제일 먼저 인도를 거쳐 말라카 해협에 도달하였던 것이다. 향신료 획득을 위한 이러한 노력으로 인하여 유럽의 식민지가 생기고 세계사는 크게 바뀌었다.

18세기 마카오의 모습을 그린 그림.

콜럼버스의 신대륙 발견 이후 16세기부터 구미 여러 나라는 앞다투어 향료와 도자기를 얻기 위해 아시아로 진출을 시도하였다. 포르투갈이 1510년 맨 먼저 인도에 도달하였고, 경쟁관계에 있던 스페인은 남미 대륙을 길게 돌아 1521년 필리핀에 도달하였다. 포르투갈과 스페인은 갤리언 선(Galleon, 16–18세기 포르투갈과 스페인이 대양 항해에 사용한 선박의 한 종류. Carrack이 발전된 모양의 선박으로 3–4개의 돛대를 단 범선이며, 배수량은 1–2천 톤. 상선과 군함을 겸했음)을 건조하여 대양 항해에 취항시켰다. 스페인에 의한 필리핀 지배와 태평양을 건너는 마닐라 갤리언 무역은 다음 장에서 다루기로 한다.

뒤이어 네덜란드가 동인도회사를 설립하여 인도네시아에 도달해 식민지로 삼았고, 영국은 네덜란드와 싸우고 경쟁하면서 인도와 말레이 반도를 차지하는 등 먼저 도달한 나라가 교역거점을 점령하고 식민지로 삼았다가 힘이 모자라면 뒤쫓아 온 나라에게 넘겨주거나 빼앗기는 식의 식민지화가 19세기까지 진행되었다. 유럽 여러 나라들이 얻고자 한 것은 인도네시아 동부의 몰루카 제도에서 나는 육두구·정향·메이스(Mace)·후추와 같은 향신료이다. 그리고 훗날엔 중국의 차와 도자기가 이익이 남는 교역품목으로 추가되었다. 이런 교역이 확대됨에 따라 근세의 아시아에 향료와 도자기 무역 네트워크가 형성되었는데, 중요한 거점은 고아(인도), 말라카(말레이시아), 마카오(구 포르투갈 식민지), 홍콩(구 영국 식민지), 오키나와(구 류큐 왕국), 나가사키(일본 규슈), 바타비아(지금의 자카르타) 등이다. 맨 먼저 아시아에 진출한 포르투갈의 구 식민지 마카오의 문화유산을 알아보자.

18세기 마카오를 조감해 만든 모형.

2012년 3월 마카오를 방문하였다. 마카오는 포르투갈이 유럽 국가 중에 가장 먼저 아시아에 진출하여 식민지로 삼아 450년 동안 지배했던 곳이다. 이러한 역사적 배경으로, 마카오에는 포르투갈이 지배하면서 남긴 동서양이 독특하게 융합된 문화와 유산을 남겨 놓았다. 유네스코는 2005년 중국 정부의 신청을 받아들여 포르투갈 지배 기간에 지은 가톨릭 교회건축과 광장을 비롯하여 도교사원 등 30여 군데를 세계문화유산으로 지정 등재하였다. 마카오와 홍콩은 실크로드와 역사마을을 살피는 데 필수적이고 동서 해양교역 특히 향료와 도자기 무역을 이야기함에 있어 빼놓을 수 없는 곳이다.

도착하는 날은 마카오에서, 다음날은 홍콩에서 숙박하기로 호텔을 정하였는데, 정오 조금 전에 도착하였기 때문에 여장을 풀고 가볍게 돌아다니려고 택시로 예약한 호텔로 직행하였다. 여행사에서 예약해 준 호텔은 공항에서 가까운 거리에 타이파 지역에 있는 호텔로서 라스베이거스를 벤치마킹하여 새롭게 조성되는 코타이 스트리프(Cotai Strip)에 있는 호텔이다. 코타이 스트리프는 콜로아네 섬과 타이파 섬을 매립하여 만든 매립지로서 마카오 당국은 부족한 토지를 확보하여 여기에 라스베이거스 스트리트를 본떠 새로운 번화가를 조성중이다.

남중국해 주장(珠江) 삼각주 서쪽에 위치한 마카오는 면적은 29제곱킬로미터에 불과한데, 마카오 반도와 2개의 섬 등 3개 지역으로 분리되어 있었다. 그러다가 지난 20년 동안 타이파 섬, 콜로아네 섬을 매립 연결하여 전체 면적이 70퍼센트나 늘어났다. 마카오 공항도 타이파 섬 옆으로 활주로만 매립하여 건설한 지 불과 20년이 안된 신 공항이다. 매립한 지역을 두 섬의 머리글자를 따서 '코타이 지구'라고 한다. 요 몇 년 사이 라스베이거스 베네시안, 윈, MGM 호텔 등이 차례로 들어서고 있다. 베네시안 마카오와 이곳에서 멀지 않은 타이파 빌리지는 우리나라 드라마 〈꽃보다 남자〉의 로케이션 장소이다.

호텔에 짐을 풀고 곧 마카오 반도로 향하였다. 타이파 섬과 마카오 반도는 3개의 다리로 연결되어 있으며, 다리는 2킬로미터 정도로 홍콩 페리 부두는 20여 분 정도밖에 걸리지 않았다. 홍콩으로는 매 15분마다 고속 페리가 왕복하고 있으며, 대부분의 호텔에서는 페리 부두까지 무료 셔틀을 운행하여 관광객과 카지노를 찾는 이들의 편리를 도모해 주기 때문에 홍콩에서의 접근이 매우 편리하다. 나는 관광지도에서 세계유산 분포를 확인한 다음, 해양박물관과 바로 옆에 있는 아마 사원(媽祖廟)에서 시작하여 성 바울 성당 유적을 거쳐 몬테 요새까지 사진을 찍으며 걸었다.

마카오의 역사는 이렇게 시작된다. 아프리카의 희망봉을 돌아 1510년 인도 고아에 도달한 포르투갈 상선단(Carrack, 14-15세기 서유럽에서 대서양 항해에 사용하던 무장 상선으로 돛대가 3개 이상인 범선)은 1511년 말라카를 경유하여 남중국에 진출하는데, 기록에 의하면 말라카에서 중국 정크선을 차용하여 광저우 부근 주장(珠江) 하류에 도달하였다. 당나라 시절부터 남방과 교역을 하던 광저우는 명나라 때에 이르러서는 명의 폐쇄적인 정책에 따라 오직 한 군데 열렸던 대외무역항이었다.

포르투갈은 광저우에서 중국과 거래를 트는 한편, 1557년에는 당시 남중국에서 창궐하던 해적 소탕에 참여하여 전공을 세우고 중국 관헌으로부터 공헌을 인정받아 마카오를 포르투갈의 교역거점으로 사용하는 것을 승인받게 되었다. 그 후 거의 백 년 동안 포르투갈은 아시아 향료 무역의 독점적 위치를 누린다. 그리하여 포르투갈은 일찍부터 마카오를 이용하여 중국(광저우)과 말라카-고아(인도)-리스본(포르투갈)을 잇는 무역로를 독점하여 황금 루트로 이용하는 한편, 일본의 나가사키에도 일찍 진출하여 교역을 트고 기독교도 전파하였다. 그 후 포르투갈은 명의 멸망 후에도 계속하여 청나라로부터 교역국으로 인정받고 마카오를 기지로 하여 수백 년 동안 아시아 무역을 통하여 막대한 이익을 남겼다.

한편 스페인은 마닐라를 점령하고, 여기서 태평양을 횡단하여 멕시코로 왕래하면서 교역을 개척하였다. 포르투갈의 마카오 항은 후발로 아시아에 진출한 네덜란드

와 영국의 힘에 밀려 점차 쇠락하기 시작한다. 더욱이 영국이 일으킨 아편전쟁의 결과 홍콩을 영구 할양받게 되면서, 수심이 깊어 대형 선박의 기항이 유리한 홍콩 항이 유리하게 되자 마카오 항은 점점 기능을 잃어 갔다. 마카오의 위상은 아편전쟁 이후인 1842년까지 약 3백 년 동안 유럽 여러 나라와 중국의 교역 중개기지로, 또는 선박의 기항지로서 기능을 담당하였다. 그 후로는 홍콩의 배후기지로서 휴양·오락 시설을 제공하는 보조적 역할에 만족해야 했다.

'마카오'라는 명칭은 지금 우리가 아마 사원이라고 부르는 마각묘(媽閣廟, 광저우식 발음은 마-콰오-미우)에서 비롯한다. 중국적 원색이 넘쳐흐르는 아마 사원은 마카오에서 가장 오래된 건축물인데 뱃사람들의 안녕을 관장하는 도교 사찰로서 사원 입구부터 참배객들이 태우는 향내가 코를 찌르고 연기로 경내가 자욱하다. 안으로 들어가면 모두 4개의 사당이 있는데 소원을 비는 사람들로 붐볐다. 경내에 바위와 붉은 부적으로 둘러싸인 나무 한 그루가 눈에 띄었는데, 바위에는 항해하는 배를 부조하여 놓았다. 아마 사원은 마카오의 세계유산 30점 중에 하나이다. 날씨는 내내 흐리거나 이슬비가 왔다.

위, 세계유산 중 하나인 아마 사원.
아래, 아마 사원 안에 있는 항해하는 배를 부조한 바위.

여기서부터 예수회의 성 오거스틴 성당, 세나도 광장, 성 바울 유적을 거쳐, 몬테 성곽까지는 2킬로미터 남짓, 꼬불꼬불 일방통행 차로로 이어진 세계유산이 집중된 길이다. 차 한 대 겨우 통과할 수 있을 정도로 좁은 골목길인데, 길가에 주차한 차는 한 대도 볼 수 없어 차량통행에는 전혀 지장이 없는 듯하다. 보행인을 위한 인도도 좁게 이어지다 끊어지다 하면서 계속된다. 걷기 시작하고 얼마 안 되어 19세기에 지은 '무어 병막사(Moorish Barracks)'가 나왔는데 이 건물은 설명을 보니 인도에서 치안을 담당하기 위해 파견되었던 인도 무어 군대가 머물던 막사로, 지금은 마카오 정부가 항만국 청사로 사용하여 입장이 불가능한 곳이다.

세나도 광장.

한참을 더 걸어가니 작은 광장과 성당 건물이 하나 나타났다. 가까이 다가가서 보니 이글거리는 태양으로 둘러싸인 예수회(Societas Iesus)의 심벌마크 'IHS'가 출입문에 선명하다. 이 성당도 세계유산의 하나이다. IHS는 1534년 성 이그나티오스 데 로욜라와 프란시스 사비에르 등이 파리에 세운 '영신수련(靈神修練)' 조직으로 16세기 회원이 거의 천여 명에 이르렀다. 4대륙에 걸쳐 사도들이 파견하였는데 사비에르는 아시아로 파송되어 중국과 일본에서 전도하였다. 영어로는 제수이트(Jesuit) 교단이라고도 하며, 한국에서는 중국식 음사(音寫)대로 야소회(耶蘇會)로 써 왔고, 1950년대 한국으로 진출하여 서강대학교를 세운 바 있다.

한참을 더 걸어가 세나도 광장에 도달하였다. 넓은 중앙광장에 남유럽식 건물이 둘러싸여 있다. 바닥은 디자인 문양을 넣어 타일을 깔아 놓았다. 한쪽에서는 상품광고 행사와 다른 쪽에서는 정치적으로 불만을 가진 중국인 두 명이 연좌항의를 하고 있다. 여기서부터 관광객이 붐비고 가게도 즐비하다. 육포와 엿 같은 것이 마카오의 특산물로 가게마다 호객행위와 시식을 권유하는 점원이 바쁘게 움직인다. 가게 한 구석에는 간간히 위패를 모신 작은 비각 같은 곳이 보이는데 향을 피우고 촛불을 켜 놓았고 꽃으로 장식도 해 놓았다. 이는 도교의 관습으로 집이나 가게에 귀신과 나쁜 것을 쫓아내려는, 생활과 밀착된 도교 신앙이라 한다.

성 바울 성당 유적이 보이는 계단 앞에 이르자 비가 내린다. 성당은 1580년에 지어졌지만 1835년에 거센 태풍 때 건물 토대, 계단, 건물 전면 벽(Facade)만 남고 모두 소실되었다고 한다. 계단을 올라 전면 벽 유적 문을 통과하면 지난 2백 년 동안 마카오의 상징 같은 건축물 유적인 전면 벽을 뒤에서 떠받쳐 준 지지대 구조물이 산뜻하게 눈에 띈다. 후면 건물터 뒤쪽에는 계단으로 천주교박물관과 묘실이 들어서 있다. 포르투갈 예수회 등이 열심히 포교하여 이와 같이 많은 종교 시설을 남겨 놓았는데 가톨릭 인구는 10분의 1이 채 안 되는 5만 명 정도라고 한다. 우리나라 최초의 신부

성 바울 성당.

김대건 신부는 이곳 신학교에서 공부하고 신부 서품을 받았고, 대원군 시절 박해로 순교하였는데, 그의 묘소는 내 고향 근처 안성 미산리에 있다.

성 바울 성당 유적 옆 나지막한 언덕으로 올라가면 17세기 초 축조된 몬테 요새 (Fortaleza do Monte)가 있는데, 마카오 박물관 입구를 통해 들어가면 편리하게 요새 위의 광장으로 갈 수 있다. 이 요새는 해발 50미터 정도의 봉우리에 축조되었는데, 마카오를 넘보는 유럽 국가로부터 마카오를 지키기 위해 지어진 것이라 한다. 실제 로 1622년 레에르준(K. Reyerszoon) 대위가 이끄는 네덜란드 동인도회사 소속 군대 가 마카오를 공격하였는데, 포르투갈 군대에 의해 격퇴당했다고 박물관 자료는 설 명한다. 포대에 옛날 포를 전시해 놓았는데, 그 사이로 마카오에서 카지노로 제일 큰 그랜드 리스보아 호텔이 정면으로 겨냥되는 장면이 묘한 감정을 갖게 한다. 지금 은 요새 뜰에서 매년 가을 마카오국제음악제가 열린다고 한다.

위에서 본 바와 같이 마카오는 16세기 중반 포르투갈의 식민지가 된 이래 동아시 아와 유럽과의 무역거래 거점이 되어 왔다. 유럽과는 말라카와 인도 고아, 그리고 아프리카 남단을 도는 경로로 상선이 오갔으며, 동아시아 연안국, 즉 중국, 일본, 필 리핀 그리고 인도네시아와 지역 내 교역을 통해 이익이 남는 상품을 사다가 팔면서 활발한 거래를 통해 큰 이익을 남겼다. 조선왕조는 이러한 무역거래망에는 끼지 못 했다. 이러한 무역거래의 거점은 19세기 중엽 홍콩이 영국 식민지가 되면서 급격히

마카오 몬테 요새.

홍콩으로 역할이 넘어갔고, 그때부터 마카오는 한갓 홍콩의 배후 위락지로서 역할만 담당하는 데 만족해야 했다. 그래서 오랜 포르투갈 점령 기간 동안 중국 문화적 전통 위에 남유럽풍의 문화가 혼합된 독특한 문화유산을 남겨 놓게 되었다. 그중에도 종교적 유산이 두드러진다. 포르투갈 점령자들이 이곳에 16세기 중반 교역거점으로 만든 다음 가톨릭교를 가지고 들어와 열심히 전도하였기 때문이다. 또 중국과 일본에 기독교가 전파된 기지로서도 작용하였는데, 예수회 신부 프란시스 사비에르는 마카오로 들어와 여기를 근거지로 삼고 일본과 인도네시아 등지에서 포교 활동을 하였다. 포르투갈의 일본(나가사키)과의 독점무역은, 1638년 네덜란드에 의하여 대체될 때까지 유지되었다.

마카오는 광저우로 들어가는 교역 전초기지로서 획득한 것이지만, 훗날 동양과 서양을 잇는 무역항으로서 커다란 역할을 담당한다. 포르투갈은 중국과 일본과의 무역기지로서, 중국 광저우에서 인도를 거쳐 포르투갈에 이르는 무역로를 운용하고, 스페인이 필리핀을 지배하자 마카오에서 마닐라를 거점으로 태평양을 횡단하여 멕시코 아카풀코를 잇는 '마닐라 갤리언 무역(Manila Galleon Trade)'의 무역기지로서 활용되

그랜드 리스보아 호텔.

마카오의 재래시장.

었다. 마닐라와 신대륙을 잇는 무역이 오늘날 우리들의 삶을 어떻게 바꾸었는지 마닐라 답사기를 쓸 때 좀더 자세히 알아보고자 한다.

포르투갈은 마카오에 총독을 두고 마카오를 조차지 형식으로 사용해 오다가 1887년에 이르러 청나라와 리스본 조약을 체결, 중국의 주권을 인정하면서 마카오의 무기한 점령을 인정받게 되었다. 이는 영국이 1842년 아편전쟁 후 난징조약에 의거 홍콩을 획득한 시기보다 훨씬 후의 일이다. 현 중국인민정부가 수입되면서, 1949년 리스본 조약의 불평등성을 주장, 무효를 선언하였지만 반환 시기는 서두르지 않았다. 1966년 공산계열의 폭동이 일어나자 포르투갈 정부는 이를 계기로 마카오를 중국에 반환하겠다고 제안하였지만, 중국 정부는 홍콩 문제를 먼저 해결하려는 정책적 입장으로 인하여 인수를 미루었다. 그러던 중 1997년 홍콩 반환에 이어 1999년 12월 20일 중국의 한 특별행정구(SAR, Special Administrative Region) 형태로 중국에 반환되었다.

마카오는 홍콩과 더불어 1국 2제도 원칙을 적용하여 포르투갈 지배시의 행정제도와 체제를 계속 유지하고 있다. 이러한 배경 때문에 우리나라 국민은 중국과는 달리

비자 없이 마카오를 여행할 수 있다.

　마카오의 인구는 60만 명 정도. 중국인이 95퍼센트를 차지하고 나머지는 포르투갈인과 그 밖의 외국인이다. 포르투갈 기독교계가 적극적으로 포교했지만 마카오 인구의 95퍼센트를 차지하는 중국인은 거의 반 이상이 불교와 도교 등 전통 종교를 믿는다. 그러나 포르투갈 사람들의 신앙생활로 말미암아 마카오에는 지금도 많은 가톨릭 유산이 산재해 있고, 신자는 5만 명 정도로 추산된다. 마카오가 중국에 반환되기 바로 직전 식민지 시대의 문화유산 30점이 세계문화유산으로 지정되었다.

마카오와 나가사키 교역과 기독교 진출

나가사키(長崎)와 히라도(平戶)에 있는 포르투갈과 네덜란드의 통상 유적을 찾아가 보았다. 곁들여 프란시스 사비에르(Francis de Xavier, 1506–1552)의 일본 내 기독교 선교 유적도 찾아볼 수 있었다(2012년 5월).

　포르투갈은 마카오를 거점으로 중국과의 무역뿐만 아니라 일본과의 무역도 열성적으로 추진하였는데, 1549년 일본 히라도(平戶)에 포르투갈 무역선이 처음 도래한다. 포르투갈은 중국, 일본과 교역하는 사이 마카오를 기독교 전파 기지로 이용하였다. 그리하여 인도 고아에서 예수회 선교감독을 하던 사비에르는 1549년 가고시마현(鹿児島県) 가고시마에 내왕하여 일본에 최초로 기독교를 전도한다. 그의 전기에

19세기 나가사키 항 - 사진제공: 나가사키 대학

는 사도 바울 이래 가장 많이 전도한 사제로 기록되어 있다. 그러나 무엇보다도 나가사키의 다이묘(大名)인 이에미츠(家光)를 기독교로 개종시킨 것은 얼마 동안 포르투갈의 독점적 무역을 향유하게 만들었다. 하지만 훗날 히라도에서 추방당하는 결과를 초래하기도 했다.

이때 일본은 전국시대로서 혼란기였는데, 도쿠가와 막부(德川幕府) 무가(武家)정권이 들어선 1600년 이후에는 일본에서 무역항으로는 단 한 군데, 오직 나가사키만을 개방해 놓고 유럽과의 무역을 허용하였다. 그래서 외부와의 교역뿐만 아니라 나가사키 개항지를 통하여 유럽의 신문명과 기독교가 일본에 들어오게 된다. 동양 진출을 놓고 포르투갈과 경합을 벌이던 스페인은 남미와 태평양을 돌아 필리핀을 식민지화한 후 마닐라를 거점으로 하여 아시아 무역을 개척한다. 그리하여 16세기 이후 18세기 말까지 중국의 광저우·취안저우·닝보·마카오·나가사키·마닐라·자카르타(바타비아) 사이에는 하나의 교역망이 이루어졌다.

하나의 재미있는 패턴은 포르투갈 상선은 말라카와 인도네시아에서 향료를 가지고 들어와서 이를 중국에 팔고 실크와 금으로 바꾼다. 그리고는 일본으로 (처음에는 히라도에서 후에는 나가사키로) 가지고 가서 다시 일본에서 나는 은과 바꾼다. 그리고 마카오에서 다시 실크를 사는 방법으로 역내 무역을 하였다는 것이다. 포르투갈 상선은 이렇게 마카오를 거점으로 인도네시아와 말라카에서 중국 광저우, 일본 및

필리핀을 오가며 교역하여 거액의 이익을 남긴다.

한편, 16세기 중반 명나라는 정허 함대의 일곱 번에 걸친 항해에서 얻은 성과를 뒤로하고 해금령을 내리고 일체의 민간무역을 금지하는데, 일본은 당시 아시카가(足利) 막부가 통치하던 시절로 명목상 중국의 책봉을 받고 조공무역을 하던 시대이다. 그런데 1544년 아시카가 막부 휘하의 조공무역선의 중국 입항이 거절되는 사태가 발생하였다. 그 후 일본을 통일한 도요토미 히데요시(豊臣秀吉)는 명나라와의 책봉관계를 무효화시키고 명을 친다는 명목으로 임진왜란을 일으킨다. 일본은 포르투갈과 교역하면서 신식 서양문명을 받아들였는데, 임진왜란 때 일본군이 사용한 조총은 이때 전수받아 만들어진 것이다.

그러나 전국시대 일본을 통일한 도요토미 막부는 유럽 국가가 기독교를 앞세워 일본을 침략할지도 모른다고 생각하여 예수회 신부 등 26명을 처형하였다. 나가사키 역에서 그리 멀지 않은 언덕에 26인의 성인 순교를 기리는 교회와 추모비가 있어 예수를 믿는 이들의 발걸음을 멈추게 한다.

1637년 기독교로 개종한 지역인 시마바라 아마쿠사(島原天草)에서 민란이 일어나

26인의 성인 순교비가 있는 교회.

〈 절과 성당이 보이는 히라도의 언덕.

자 도쿠가와 이에야스(德川家康) 막부는 기독교를 금지하고 포르투갈과의 교역을 금지시켰다. 이후 막부는 개신교 나라인 네덜란드의 동인도회사를 상대로 나가사키만을 대외적으로 개방하고 여타 대외거래를 중지시키는 쇄국정책을 편다. 쇄국정책은 1854년 미국의 페리 제독에 의하여 개국되기까지 계속되었다. 도쿠가와 막부 시절 네덜란드 상인의 출입을 통제하기 위해 나가사키 시내에 일부러 조성한 임해 매립지 데지마(出島) 네덜란드 상관은 넓이 4천 평 정도의 작은 인공섬이었는데, 현재 시가지의 일부가 되어 있으며, 상관 일부가 복원되어 일반에게 개방되고 있다.

배교를 강요하기 위해 만들어진 철판(후미에). 많은 신자들이 이 철판을 밟고 배교했다.

이후 신앙 포기를 거부하는 기독교인들 중에는 박해를 받고 순교한 사람도 여럿 있다. 히라도 섬에서 빠져나오면서 나는 묘한 지명을 발견하였다. 야이자 사적공원(燒罪史蹟公園) 순교비가 그것이다. 수소문하여 그곳을 찾아갔다.

히라도 섬과 항구가 마주 보이는 곳에 순교비가 하나 세워져 있는데, 1621년 금교령에도 불구하고 밀입국하여 전도하던 이탈리아의 카미라로 콘스탄치오 신부가 관헌에 잡혀 여기서 화형을 당했다는 것이다. 대안에 보이는 히라도 성이 묘한 기분을 자아내게 한다. 그 후 일본의 기독교는 지하로 잠적하였다.

일본이 기독교를 다시 허용한 것은 1868년 메이지유신 이후의 일이다. 오늘날에도 이런 영향인지 일본의 기독교 신자는 인구에 비하여 아주 미미하다. 나가사키와 야마구치 등에 건립한 성당과 가톨릭 관계 유적은 일본에 사비에르가 기독교를 전

위, 이와미긴잔 전통마을.
아래, 이와미 은광 유적.

달한 이래 460년이란 길고도 험난했던 신앙 역사의 증거이다. 그러나 이렇게 오랫동안 지하에 잠적했던 기독교는 1868년 메이지유신 이후 허용되어 부활했지만, 일본에는 아직도 기독교 인구가 1백만 명을 넘지 못하고 있는 실정이다. 기독교 유적은 나가사키 현의 곳곳에 그 흔적을 남겨 놓고 있는데, 일본 정부는 이들 일련의 유산을 2007년 세계유산 잠정목록에 올려놓고 문화유산 등재를 추진중이다.

일본 시마네 현 오모리(大森) 시에는 이와미긴잔(岩見銀山) 은광이 있는데 2011년 시마네 현을 여행하면서 이 은광을 답사한 바 있다. 16세기 초, 은이 발견된 이래 1923년 폐광하기까지 약 4백 년에 걸쳐 채굴이 이루어진 은광 유적으로, 은을 채취하던 굴과 채취 문화유적이 잘 보존되어 있어 부근 마을과 함께 2007년 세계문화유산으로 지정되었다. 이와미 은광은 유럽 사람들에게도 잘 알려진 곳으로, 당시 유럽에서 제작된 아시아 지도에서도 일본을 '은광 왕국'으로 기록하고 있을 정도이다. 이와미 은광에서 산출된 은은 품질이 우수하여 동아시아 교역에서 가장 선호되는 은이었으며, 17세기 전반 전성기 때는 일본의 은이 세계 은 생산량의 약 1/3을 차지할 정도였다고 한다. 이곳의 은은 나가사키에서 유럽 상인들과 교역으로 세계로 물물교환의 형식으로 퍼져나갔다.

나가사키는 여러 면에서 역사적 화제를 지닌 역사도시이다. 제2차 세계대전 당시 미군에 의해 원자폭탄이 투하되어 당시 24만 명이던 인구 중 15만 명 가까이가 희생당하는 아픔을 겪었다. 대항해 시대에는 유일하게 일본이 대외적으로 문호를 개방하여 유럽, 중국과 교역하면서 막부는 나가사키에 데지마(出島)라는 인공섬을 만들어 유럽 상인들을 이 섬에서 살면서 교역하도록 제한하였다. 하지만 지금은 그런 모습이 거의 없어졌다.

외래문화의 침투로 나가사키에는 개화기에 세운 건물이 즐비하고 근대적 유산이 허다하다. 일본에는 '나가사키 카스텔라'라는 특산물이 있다. 이 카스텔라는 포르투갈 상선이 내왕한 1571년경 전래되었다 하는데, 지금도 나가사키에는 카스텔라 명과를 만드는 '쇼오우겐(松翁軒)'이라는 가게가 있다. 쇼오우겐은 창업한 지 3백 년이 넘는 오래된 점포로서 전국적으로 유명하다. '빵'의 어원은 포르투갈어 'Pao'에서 비롯되었는데, 빵이 일본 나가사키에 처음 들어와 일본인들이 들리는 대로 'パン(팡)'라고 불렀는데 우리나라에서 그대로 쓰고 있는 외래어이다.

네덜란드와의 오랜 교류는 이른바 난학(蘭學)을 발전시켜 일본 근대화의 밑거름이 되었다. 1954년, 미국 페리 제독의 흑선 함대가 도쿄 만 밖에 정박하고 개국과 통상을 요구하였을 때, 두 나라 사이를 매개한 언어는 네덜란드어였다고 한다. 나가사키가 범선 시대에 대외교역의 문호였던 것을 기념하여 매년 4월 말 국제범선축제가 개최되어 장관을 이룬다.

위, 푸치니의 오페라 '나비부인'의 조각상.
아래, 오페라 작가 푸치니의 조각상.

류큐 왕국의 교역과 남은 유적

13세기부터 17세기 사이는 일본과 중국의 통상을 류큐(琉球) 왕국이 중개한 것으로 나타난다. 당시 명은 해상무역에 적극적이지 않고 해금령까지 내린 상태인데다 주변 나라에 모두 복속을 요구하여 모든 통상은 조공무역의 형식을 취하였다. 그런데 일본만이 이에 응하지 않았다. 류큐 왕국은 명에 복속하고 일본에도 복속하였으므로 중국과 일본과의 교역을 중계하였는데, 여기에는 중국의 문물 입수를 필요로 하는 일본 막부의 동의도 있었다. 또한 앞서 말한 이와미긴잔(岩見銀山)의 은이 1530년경부터 대량 생산되면서 중국과의 교류를 발생시킨 요인이 되었다. 류큐 왕국은 또 인도네시아에서 향료를 구입하여 중국에 조공무역의 형식으로 팔고 중국에서는 도자기와 실크 등의 직물을 사서 일본에 팔아 많은 이익을 남겼다. 이즈음 조선 왕조는 스스로 명의 책봉을 받는 신하 노릇을 하였고, 교역은 중국과의 진공(進貢)무역 이외에는 해외와의 교류를 막거나 등한시해 왔음은 잘 아는 사실이다.

오키나와에서는 '류큐 왕국의 구스쿠와 관련 유산군'이 2000년 세계유산으로 등재되었다. 마침 수년 전 오키나와를 방문했을 때 세계유산을 답사하면서 메모해 두었던 자료가 있어 여기에 소개하고자 한다.

류큐 왕국은 동중국해의 대만(臺灣) 북쪽에 위치한 섬 왕국으로 풍토가 제주도와 비슷하며, 15세기부터 18세기까지 활발하게 중국, 일본과 교역한 왕국이다. 이때 명은 사실상 해상 활동을 거두어 들이는 상황이었다. 류큐 왕국은 혼란한 시기를 틈타 중국에서 도자기와 비단을 사는 대신 인도네시아에서 향료를 구입해 수십 배의 이익을 남겼다.

류큐 사람들은 동남아시아에 널리 퍼져 사는 폴리네시안의 일파라는 설과 중국 남부에서 이주해 온 백월(百越, 광저우·푸젠·구이저우 등지에 널리 퍼져 살던 민족)족의 한 계파라는 두 가지 설이 있다. 10-14세기 사이 농경사회를 일구어 살다가 (이를 오키나와 역사에서는 '구스쿠 시대'라고 구분한다) 마을의 규모가 점차 커지면서 '아지(按司)'라는 호족이 등장하였다. 규모가 큰 '아지'는 제주도와 같이 돌이 많아 돌로 성곽을 쌓고 살면서 이를 '구스쿠(城)'라고 불렀다. '아지'가 강대해지면서 세 왕조가 정립해 오다가 1429년 쇼(尚) 왕조가 들어서서 오키나와를 통일했다.

이 왕조의 본성은 나하(那覇) 시에 있는 '슈리성(首里城)'이다. 제2차 세계대전시 치열했던 오키나와 전투 때문에 나하 시와 슈리성은 초토화되다시피 파괴되었다. 지금의 성은 세계대전 이후 복원한 것이다. 세계유산으로 등재되면서 슈리성은 오키나와를 찾는 관광객이 빠짐없이 찾는 명소가 되었다. 슈리성을 관람하면서 왕궁 건물의 색채나 건축양식이 일본과 중국의 영향을 골고루 받았으면서도 독특한 류큐식 문화를 가지고 있음을 느낄 수 있었다. 궐내에 아담한 돌문을 보았는데 '소노햔 우다키 세키몬(園比屋武御嶽石門)'이란 설명이 붙어 있었다. 국왕의 행행(行幸)시 무

> 자키미 구스쿠.

가츠렌 구스쿠에서 내려다본 오키나와 시가.

사함을 비는 류큐식 종교의식을 거행하는 곳이라는 설명이었다.

　슈리성 안에 있는 만책경각(万册經閣)은 조선왕조가 건네준 불경을 보관했던 서고라고 한다. 이를 볼 때 조선왕조와도 교류가 있었던 것 같다. 궐내에는 둥근 연못 안에 돌다리인 천녀교(天女橋)로 연결된 장경각이 들어서 있었는데 조선왕조가 준 대장경을 모시던 건물이었다고 한다. 이 장경각 건물과 또 한 군데 엔카쿠지(圓覺寺) 유적 앞에서 조상의 안녕을 기원하는 오키나와 사람들의 모습을 볼 수 있다.

　슈리성 후원에 있는 왕실 정원 겸 별궁인 '시키나엔(識名園)'은 왕실의 휴양과 외국 중국의 사신이 오면 접대와 체류의 장으로 이용되었다고 한다. 전쟁중에 흔적도

왼쪽, 천녀교와 만책방경.
가운데, 엔카쿠지.
오른쪽, 소노히안 우타키.

없이 파괴되었던 것을 1975부터 20년의 세월을 들여 복원하였다.

'우타키(御嶽)'라 함은 일본 오키나와 지방에 널리 분포하고 있는 '성지'로서 세이파우타키(斎場御嶽)는 류큐 개벽 전설에 나오는 성지이다. 15세기 통일왕조를 세운 류큐 왕조는 왕실녀를 왕실 최고의 신녀 기코에오키미(聞得大君)로 임명하여 여기서 오키미의 영(靈)을 계승하는 제사를 지내는데 이는 류큐 왕국 최대 의식이었다고 한다.

이밖에 중요한 지방 호족의 성 '구스쿠(城)'를 수리·복원하여 슈리성과 함께 류큐 왕국 문화유적을 세계유산으로 등재하여 놓았다. 나는 다행히 지인인 이토만(糸満)시 교육위원회 문화재과 오시로 가즈나리(大城一成) 씨가 자기 차로 안내해 주어 자키미죠(座喜味城), 가츠렌죠(勝連城) 등 세계유산으로 등재된 구스쿠를 편히 돌아볼 수 있었다. 모두 파괴되어 축대와 석축만 남아 있는 것을 일부 복원한 것이다. 이중

〈 슈리성 후원의 왕실 정원 겸 별궁인 시키나엔.

에 가츠렌죠 성주는 류큐 왕조가 통일왕국을 세우는데 최후까지 저항한 유력한 아지 아마와리(阿麻和利)의 거성(居城)이다. 아마와리는 류큐 왕권의 탈취를 목적으로 1458년 슈리성을 쳐들어갔다가 대패하여 멸망했고, 류큐는 이때서야 안정된 통일왕국을 세우게 된다.

일본과 중국을 왕래하며 교역하면서 자신들의 정체성을 유지해 온 작은 섬나라 류큐의 사람들은 16세기 말부터 일본을 통일한 도요토미 히데요시 막부정권으로부터 조선 침략을 위한 군량미 조달을 명 받는 등 일본의 간섭을 받기 시작한다. 그리고 1609년 도쿠가와 정권의 승인을 받은 규슈 남단 지방의 사쓰마(薩摩, 현재의 가고시마)번 영주의 침공을 받고, 류큐의 왕은 규슈로 잡혀갔다가 2년 후 귀환하였다. 사쓰마번은 류큐를 완전한 속국으로 삼았지만 내정을 다스릴 수 있도록 류큐 왕은 존치시켰다.

19세기 중엽 류큐에도 영국과 프랑스가 1844년 항해의 중계항으로 이용하기 위하여 개국·개항을 요구하며 들어왔다. 류큐를 사실상 지배하던 일본 막부는 아편전쟁과 홍콩 할양 정보를 입수하여 구미의 해군력을 알고 있었기 때문에 사쓰마 번으로 하여금 류큐에 한하여 영불에 개항하는 것을 허용하였다. 그러다가 일본이 막부 체제에서 왕정 체제로 바꾼 '메이지유신' 이후 구미의 침공 지배를 우려하여 1879년 오키나와(沖繩) 현으로 병합하였다.

전통 복장을 한 오키나와 사람들.

〈 전통춤을 추는 오키나와 사람들.

　이러한 역사적 사실을 비추어 보면 류큐에서도 반일독립운동이 일어났을 것 같지만 그런 일은 일어나지 않는 모양이다. 근세에 이르러 수백 년 동안 일본의 간섭을 받고 합병되면서 상당한 정도로 일본화가 일어난 것이 아닌가 싶다. 류큐어가 따로 있지만 오키나와 사람들은 일본어가 전혀 서투르지 않다. 제2차 세계대전 당시 미군의 일본 본토 공격을 앞두고 일본은 오키나와에서 미국과 치열한 공방전을 벌였고, 이 와중에서 15만 명 이상의 오키나와인이 희생되있다. 전쟁 후에는 미국이 점령하고 대일강화조약 이후에도 계속 미군이 군정을 펼쳤다. 그런데 의외로 오키나와 사람들은 줄기차게 일본으로의 복귀를 요구하여 1972년 일본으로 반환되었다. 만약 자신들의 민족적 정체성을 찾고자 했다면 미군 점령기에 오키나와 독립을 요구할 수도 있지 않았나 하는 의문이 드는 부분이다.

　오키나와 섬 남단 이토만(糸滿) 시 바닷가 언덕에는 전쟁기념공원이 조성되어 있다. 여기에는 오키나와에서 희생된 전사자의 이름이 무려 24만 명이나 새겨져 있어, 기념공원을 찾는 사람들을 숙연하게 한다. 전쟁은 실로 참혹하다. 이중에 1944년 미군이 상륙하면서 치룬 이른바 오키나와 결전에서 희생되었거나 집단자결한 주민이 무려 10만 명이 포함되어 있다고 한다. 오키나와 결전은 1945년 3월부터 3개월 동안 지속되었던 제2차 세계대전 중 가장 치열했던 전투 중의 하나이다. 오키나와 전의 특징은 민간인 사상자가 군인의 사상자를 훨씬 능가한다는 데 있다. 포탄에 맞아 죽은 사람, 스스로 집단자결한 사람, 기아와 병으로 죽은 사람, 그리고 일본군에 의해 희생된 사람들 등 억울한 죽음의 원인은 다양하다. 오키나와에 반전과 반미사상이 널리 퍼져 있는데, 이런 처절한 체험이 반전사상으로 발전된 것일까? 불필요한 희생을 강요한 일본 제국주의는 전쟁 책임이 없으며, 최후까지 독전한 전쟁 지도부의 책임은 없는 것일까? 신원이 파악되는 사람은 모두 기록하였는데, 당시 오키나와 주민이 60만 정도였다 하니 15퍼센트 정도가 희생된 셈이다.

오키나와의 관할권은 1972년 일본에 반환되었지만 대규모의 미군이 아직 주둔하고 있으며, 미군 관련 범죄로 주민과의 갈등과 마찰이 계속 일어나고 있다. 이러한 여파로 미군기지를 철수하라거나 가데나(嘉手納) 공군기지를 현 밖으로 이전하라는 오키나와 사람들의 압력이 드세어 일본 정부가 골머리를 앓고 있다.

코르디레라스 지방의 다랑논

세계문화유산의 하나로 2천 년 된 필리핀의 산간 농경문화 경관을 소개하는 이 글은, 4년 전 이코모스(ICOMOS, 유네스코 산하 세계유산 전문가 조직) 토착건축학술위원회(CIAV)가 필리핀 이푸가오에서 개최됨에 따라 회의에 참석하고 세계유산을 답사할 기회를 얻어 준비한 것이다. 코르디레라스 지방의 계단식 다랑논이 1993년 유네스코 세계유산으로 지정되었는데, 이중에서 다랑논이 제일 많은 이푸가오 지방 바나우에서 회의가 12월 4일부터 4박5일간 개최되었다.

회의에 참석하는 우리 일행은 12월 3일 아침 일찍 6시에 마닐라를 출발하여 바나우에로 향했다. 현지에는 공항이 없고, 고속도로도 정비되어 있지 않아 2차선 국도를 이리저리 돌아 도중에 잠시 점심을 먹고 세 번 쉬어 저녁 5시경에 도착하였다. 이푸가오로 가는 국도변에서는 현지인들의 삶의 모습을 곳곳에서 볼 수 있었다. 아스팔트로 된 국도는 농민이 벼를 말리기 위한 건조장으로 이용하고 있어, 오가는 차량은 가능한 한 건조중인 벼를 피하고자 애쓴다. 간간히 소 떼도 훼방을 놓고.

산악으로 접어들자 길이 좁아지고 표고를 더하며 올라가는 길은 커브도 만만치 않다. 비가 오기 시작했다. 바나우에 인근의 홍두안촌으로 가는 길은 아예 포장이 안 되어 있고 진창에서 차들이 고전한다. 마닐라를 떠난 지 꼬박 11시간 걸려 370킬로미터 떨어진 바나우 호텔에 도착했다.

〉 코르디레라스 지방의 다랑논.

'코르디레라스 중부산악(Cordilleras Central Mountains)'이라 함은 루손 섬 중앙부에 자리한 산악 지방을 가리키며, 면적은 약 2만 평방킬로미터(경기도 면적의 약 두 배)로서 6개 주에 걸쳐 150만 인구가 살고 있으며, 고원 별장 도시 바기오 시가 이 지역 중심지이다. 이중에도 이푸가오 주는 해발 1천5백 미터가 넘는 열대 고산 지방, 경작할 평지가 거의 없는 급한 경사지 사면에 계단식 다랑논을 일구어 쌀농사를 짓고 전통을 이어 간다. 이푸가오는 다랑논 농사의 대명사와도 같다. 계단식 논들은 2천년 이상 오래된 전통을 갖고 있으며, 높은 산중턱을 따라서 고랑이나 두둑을 만들고 논을 일구어 벼를 재배한다. 이푸가오족의 이러한 지식과 전통, 풍습이 한 세대에서 다음 세대로 전승되어 환경과 조화를 이루고 그들만의 문화적 경관을 만들어 낸 것이다. 처음 보는 이는 밑에서 보면 마치 언덕 전체가 국수 면발을 잘게 썰어 놓은 것 같은 비탈에, 사람 서 있기도 힘든 비탈에 경작할 공간이 어디 있을까 하는 의구심을 떨쳐 버릴 수 없을 것이다. 나 역시 비탈 공간에서 2천 년 전부터 쌀농사를 지었다는 사실이 믿겨지지 않았다.

이들은 농사지을 곳이 넉넉하지 않은 산비탈을 개간하여 마치 조각이라도 한 것처럼 논을 일구어 풍부한 빗물을 이용하여 농사를 지어 왔다. 어떠한 기계문명의 혜택도 심지어 가축의 힘도 빌리지 않고 오로지 인간의 힘으로만 농사를 짓는 놀라운 풍경이다. 다랑논을 등고선에 따라 형태를 만들고 여기에 돌을 쌓아 올려 논둑을 만

다랑논 답사중인 세계유산 전문가들.

든다. 다랑논의 너비는 어떤 것은 1미터가 겨우 될까 말까 하는 것도 있다.

　산 위의 풍부한 열대 다우림에서 흘러내리는 물을 농사에 이용할 수 있도록 정교한 관개시설을 만들었다. 그래서 사람들은 이푸가오 다랑논을 '세계 8대 불가사의'라고 일컫기도 한다. 아시아에는 여러 군데에 이런 계단식 논이 존재한다. 우리나라에도 규모는 작지만 남해의 바닷가를 비롯하여 전국에 경지 정리가 힘들거나 불가능한 곳에 다랑논이 있다. 중국 윈난성의 하니족의 다랑논 지역도 규모 면에서 장관을 이룬다. 중국 정부는 이곳을 세계유산 지정을 위한 잠정목록에 신청하여 놓았는데 규모는 코르디레라스 지역보다 훨씬 방대하나 이미 소가 끄는 경작이 오래 전부터 있어 왔고 최근에는 경운기도 들어섰다. 인도네시아에도 여러 군데 다랑논이 있다. 그런데 필리핀의 계단식 다랑논은 어려운 자연 조건과 전통적 경작 방식에 있어 단연코 세계적이다.

　이푸가오족의 오래된 농경문화는 무형의 유산 '후드후드(Hudhud Chants)'라는 천년된 민요를 보존한 전통을 간직하고 있다. 세계무형문화유산으로 등재된 이 민요는 이푸가오 아낙네들이 모내기와 벼 수확을 비롯해 장례식에서 부르던 민요로서 모계사회 전통을 지니고 있다. 후드후드는 여성이 주된 가창을 하며 40여 가지의 전설적 이야기에 2백여 곡이 전해지고 있다. 한 곡을 다 부르는 데 여러 날 걸리는 것도 있다고 한다. 회의 기간중 현장 답사에 나서 이푸가오족이 사는 고장을 돌아볼 기회가 있어 마을에서 두 번, 머무는 호텔에서 밤 공연을 통해 이푸가오의 민속의상과 춤, 그리고 후두후드의 한 부분을 감상할 기회가 있었다.

바나우 시내를 벗어나면 길은 모두 비포장도로이다. 비포장도로에서는 하루에 몇 번 다니지 않는 소형 버스가 있을 뿐이고, 동남아에서는 그 많던 오토바이도 별로 눈에 띄질 않는다. 비가 자주 오는 곳이라서 비만 내리면 길이 패이고 씻겨 내려가곤 한다. 우리가 방문했을 때는 농번기가 아니어서 벼심기나 벼베기 같은 농사 모습은 볼 수 없었으나, 산비탈 위에 들어선 마을 풍경 가운데 고상식(高床式) 주거도 많이 보였고, 지붕은 근래에 들어 양철이나 함석지붕 재료로 변한 것 같다.

우리는 홍두안의 길 옆 다랑논을 잘 조망할 수 있는 전망대(Vista Point)로 안내되었다. 등고선을 따라 산의 8부 능선까지 개간된 다랑논이 시야에 잡힌다. 이푸가오 농부들은 산 위에서 내려오는 물을 잘 관리하고 관개하는 정교한 시스템을 만들어 놓았다. 우리가 선 곳에서부터 먼 곳은 2킬로미터 정도는 떨어진 산기슭에 횡으로 줄을 쳐 놓은 것처럼 계단식 논이 빼곡하게 들어서 있다. 멀리 산 중간 허리에 마을과 교회까지 보인다.

전망대에서 바로 밑에 있는 논두렁으로 내려가 보았다. 농사철이 아니어서 논에는 물만 담아 놓고 있었는데 이곳에서는 이모작, 벼 품종에 따라서는 삼모작도 가능하다고 한다. 바나우에서 답사하는 기간중 논을 가는 경운기나 일하는 소를 본 적

위, 홍두안으로 향하는 비포장 도로를 달리는 트럭.
아래, 필리핀 전통 가옥인 고상식 주택.

이 없다. 세계 어디서나 보이는 농우(農牛)가 안 보이는 것이다. 모든 논농사를 인간의 노동력으로 가름한다는 말이었다. 이푸가오 사람들은 이 고된 농사일을 품앗이 형태의 상부상조의 방법으로 해결한다. 21세기 세상에 이런 일도 있구나 하는 생각을 하니 신기하게 여겨지면서도 이푸가오의 전통에 집착한 소박한 삶을 경외의 눈으로 보지 않을 수 없었다.

노동집약적인 방법으로 기구도 제대로 사용하지 않는 전통적 방법으로 힘들게 농사를 지어도 수확은 여유가 없으니 식량 이외에는 소득원이 별로 없다. 점점 가난해진다. 사람들이 아직 농사를 계속 짓지만, 변화하는 생활 방식은 이 산간까지도 서서히 침투되어 왔다. 농사 방법도 전통적인 품앗이 방식은 점점 사라지고 돈으로 일꾼을 사서 농사를 짓는 경우도 늘어난다. 일할 수 있는 젊은이들이 점점 고향을 떠나고 있기 때문이다. 다랑논의 성격으로 보아 일정 기간 논둑을 돌보지 않으면 점차 약해지고 무너져서 쓸모없는 비탈이 되어 버린다.

이푸가오의 삶은 환경과 밀접하게 연결되어 있는데, 요즈음에 들어서서 이푸가오의 다랑논에 용수가 고갈되어 가는 현상도 문젯거리가 되었다. 원인은 다랑논 위쪽에 있는 나무의 벌목과 화전 등이 그 원인이라고 한다. 대부분의 세대는 계곡 개울가에서 산중턱까지 계속되는 다랑논을 몇 개씩 보유하고 사는데 논 개간이 불가능한 상부 지대에는 '무용(Muyong)'이라고 불리는 산림을 조성하여 여기의 물을 머금

위, 이푸가오 사람들의 살림살이.
아래, 19세기의 이푸가오족 모습.

은 나무들이 하부의 논으로 물을 조금씩 흘려보내서 농업용수로 이용하여 왔다. 무용의 나무들은 활엽수로 물을 함양해 줄 뿐만 아니라, 토양을 비옥하게 해주고, 목재, 땔감, 식용이나 약용으로 쓰이는 각종 임산물을 제고하여 왔는데, 이런 산림이 개간(화전), 벌목 등 이런 저런 이유에서 감소되거나 없어지면서 용수의 곤란을 겪게 된 것이다.

필리핀 전통춤을 추는 소년과 소녀들.

　이곳에도 현대화라는 피해 갈 수 없는 물결이 서서히 들이닥쳐 전통 방식의 농사가 어렵게 되었다. 오랫동안 지켜져 내려온 농경지와 인간의 조화로운 균형을 유지하는 데 필요한 이푸가오 부족의 의식이 기독교의 전파로 인하여 영향을 받아 전통 유지가 힘들어졌다. 또 젊은이들의 이농현상 때문에 일손이 부족하여 전통 방식의 농사가 점점 힘들어지고 있다. 게다가 기후 변화로 인하여 산 위에서 흘러내리는 개울물이 줄어 농수가 고갈되는 일도 생겼다. 최근 일어난 대규모 지진도 수원의 위치를 바꾸어 놓는 등 전통 방식의 영농을 어렵게 하고 있다.

　이에 대한 대안으로 농사 여건을 보강해 주기 위한 지속적인 영농관리와 보존대책이 필요하다. 유네스코는 2001년에 여기를 '위험에 처한 유산목록(World Heritage in Danger)'로 등재하였다. 모든 세계유산은 일정한 보존상태 유지가 전제되어 등재되고 각 회원국 정부는 유산의 적절한 관리를 보장하여야 한다. 일정기간 안에 이런 현상이 시정되지 않으면 해당 유산은 세계문화유산 등재 리스트에서 제외된다. 오늘날 2백여 국가가 세계문화유산 등재를 문화유산 외교의 핵심으로 삼고 여러 나라가 앞다투어 등재 신청을 하고 있는 가운데 리스트에서 삭제된다는 것은 해당된 나라에 대한 국격 저하와 국제사회의 신뢰 후퇴를 의미한다.

위, 필리핀 전통 모자를 쓴 아이.
아래, 축제 퍼레이드에 참여한 어린이들.

필리핀 이코모스위원회가 이렇게 후진 산악지방에서 회의를 개최하게 된 것은 각국의 유산관리 전문가를 모아 유산관리계획을 지속 가능한 것으로 재생시키기 위해 중지를 모으기 위함이었다. 필리핀 정부가 보존 관리에 적극 나서서 해결 방안을 모색해야 하겠지만 지속 가능한 대안이 마련될 수 있을지, 그래서 위험에 처한 세계유산 리스트에서 건져낼 수 있게 될지는 미지수다.

필리핀은 1950년대만 해도 우리나라보다 훨씬 잘사는 나라가 아니었던가? 한국전쟁 때만 해도 우리나라에 파병하고 도움의 손길을 뻗쳐 준 나라가 아니었던가? 내가 생전 처음 해외여행을 한 나라가 필리핀이었다. 1968년 3주간에 걸쳐 마닐라에서 유엔개발기구의 원조를 받아 열린 공보전문가 워크숍에 참가한 일이 있었는데 이때 본 마닐라는 서울보다 훨씬 세련되고 앞선 국제도시였다고 기억한다.

필리핀 사람들은 오랜 식민지 역사를 지니고 있어 동남아시아 어느 나라 사람들보다 영어를 잘하는 편이다. 그때 워크숍을 이끌고 진행하던 이들은 모두 쟁쟁한 마닐라 대학 교수였다. 그러던 필리핀이 20세기 후반에 들면서 정치가 불안하고 독재 정권 지배로 부패와 비능률이 극심하여 국가 발전에 국민의 에너지와 투입되지 못하고 대세에 쳐져 버린 것이다. 그러다 보니 교육 수준은 높은데 일자리가 없으니 많은 필리핀 사람들이 돈을 벌려고 해외에 많이 진출하게 되었다.

세계 도처의 서비스업, 연예, 운송, 가사일에 영어를 잘하는 필리핀 사람들이 진출 종사한다. 전 세계의 크루즈 선을 타보면 승무원(Crew)의 대부분이 필리핀 사람들이다. 홍콩에서 일하는 필리핀 가사 도우미는 수만 명이라 한다. 홍콩 빅토리아 공원에는 일요일마다 갈 데가 없어 모여드는 젊은 필리핀 가정부들로 공원을 가득 메운다. 어떤 여자들은 여기서 음식 행상을 하는가 하면 길거리에 차려 놓은 미용실을 목격하는 것은 어려운 일이 아니다. 바나우에서도 마닐라에서도 필리핀 사람들의 어려운 삶의 현장을 직접 목격했는데, 마음이 편치 않았다.

마닐라는 동서양 무역으로 발전한 도시이긴 하지만, 스페인에 의해 16세기 초에 식민지가 된 필리핀은 도서부 동남아시아이면서도 다른 길을 걸어 왔고, 국민 대다수가 가톨릭을 신봉하는 나라이다. 다음은 마닐라가 생긴 내력과 마닐라에 있는 세계문화유산을 소개해 본다.

〉 마닐라의 인트라무로스.

마닐라와 인트라무로스

이푸가오의 다랑논을 답사하고 마닐라로 돌아온 후 스페인 식민지 시대에 세워진 마닐라 구성곽 '인트라무로스'와 이 안의 스페인 통치와 종교 전파 및 필리핀 독립 유적을 돌아보았다. 이 유적은 스페인 식민지 시대 성곽 축조와 같은 유적과 함께 바로크 양식의 가톨릭 교회건축, 필리핀 독립운동과 관련된 유적들로 1993년 세계 문화유산으로 등재되었다.

마닐라의 인트라무로스 성벽.

동남아시아의 역사는, 유럽 여러 나라가 항해술의 발달로 아프리카 대륙 남단 희망봉을 돌아 인도양으로 진출하고, 이어 말라카에 도달하면서 새로운 역사를 쓰게 된다. 이때까지 유럽의 세계는 지중해 권역이 중심지였다. 이슬람교의 아시아 전파와 13세기 몽골의 유럽 진출과 활발한 교류로 지중해의 세계는 대양으로 뻗기 시작했다. 이런 대양 항해를 가능하게 한 것은 나침반과 위도 측정기구, 그리고 역풍에도 항해할 수 있는 삼각돛 등 항해술이 급격히 발달했기 때문이다. 맨 먼저 희망봉을 도는 항로를 개척한 것은 포르투갈 사람들이다. 위험한 미지의 항로를 개척하려 한 것은 성공만하면 수십 수백 배의 이득이 남는 육두구·정향·후추와 같은 향료를 실고 올 수 있었기 때문이다. 포르투갈은 아프리카 희망봉을 돌아 1509년 말라카까지 내항한다.

포르투갈에 선수를 빼앗긴 스페인은 이보다 10년 늦은 1519년 향료를 찾아 마젤란

위, 마젤란.
아래, 침몰하는 갤리언.

갤리언(Galleon, 15세기부터 지중해에서 취항한 3-4개의 돛대를 가진 상선·군함) 상선단을 아시아로 보내 1521년 필리핀 세부에 도달한다. 이어 멕시코에서 레가스피 함대를 파견하여 1571년 마닐라를 점령, 스페인 총독부를 설치하고 필립2세의 이름을 따서 'Philippina'로 명명하였다. 그리고는 마닐라 만 파시그 강 입구에 인트라무로스를 건설하였다.

마젤란 함대는 아프리카를 남하하여 동쪽으로 항해하지 않고 서남쪽으로 계속 항해하여 카나리아 제도에서 보급품을 싣고 1년 걸려 남아메리카 남단 해협에 도달한다. 그리하여 이 해협을 자신의 이름을 따서 마젤란 해협으로 명명한다. 세계일주 항로를 개척하는 순간이다. 마젤란 해협을 돌아 태평양에 진입한 세 척의 마젤란 함대 선원들의 사기는 드높았다. 바람은 일지 않고 파도는 잠잠했기 때문에 그는 이 엄청나게 큰 바다를 태평양이라고 명명했다. 태평양에 들어서자 이제까지의 차디찬 바닷물에서 따뜻한 물과 만나게 되는데, 너무 기쁜 나머지 감격의 눈물을 흘리고 몰루카 제도에서 향료를 얻을 꿈에 부풀었다. 그러나 곧 나올 줄 알았던 향료의 섬은 커녕 육지라고는 몇 달 동안 구경도 못하고 식량과 식수가 떨어지고 전염병마저 퍼져 많은 선원들이 죽어 갔다. 이런 고생과 역경에서도 항해를 계속하여 1521년 세부에 도달하는 데 2년이 걸렸다.

세부에서 마젤란은 여러 섬 가운데 라자 하마본 추장과 친교를 맺고 그를 기독교인으로 개종시켰다. 세부 술탄은 막탄 섬 라푸라푸 술탄과 적대관계를 가지고 있었는데, 마젤란은 세부 술탄을 돕고 막탄 술탄도 개종시키려는 의도로 막탄으로 향하였다. 마젤란은 라푸라푸 추장을 너무 가볍게 보았는지 소수 병력만 데리고 막탄으로 향하다가, 다수의 라푸라푸 군의 공격을 받아 전사하였다. 오늘날 세부에는 라푸라푸의 동상이 세워져 있고, 필리핀의 국민적 영웅으로 기린다. 마젤란을 잃은 스페인 상선단은 남은 두 척의 배를 가지고 브루나이를 거쳐 향료를 싣고 16개월을 항해해 1522년 9월 스페인으로 귀환했다. 스페인을 떠난 지 3년만인데, 지구를 완전히 한 바퀴 돌았던 것이다. 떠날 때의 대원 237명 중 살아 돌아온 사람은 고작 18명이었다. 아시아로 오는 항해가 얼마나 어려운 일이었는지 짐작할 수 있다.

이후 스페인은 1564년부터 이미 지배하고 있던 멕시코 아카풀코에서 미겔 로페즈 데 레가스피 함대를 파견하여 1571년 마닐라를 점령하고 스페인 총독부를 설치하였다. 당시 마닐라는 술레이만 술탄이 통치하는 항구도시였는데 스페인 함대가 침략해 왔을 때 술레이만 군대는 창과 방패만 가지고 소총과 대포로 무장한 레가스피의 군대와 대결하여 참패했고 술레이만은 전사하였다.

스페인 정복자들은 마닐라 파시그 강변 전략적 위치에 견고한 요새(산티아고)와 바로 이어지는 통치용 성곽(인트라무로스)을 쌓고 330년 동안 필리핀을 지배 통치하였는데 '인트라무로스'의 의미는 스페인어로 '벽 안에서', 영어로는 'Walled City'이다.

벽으로 둘러싸인 도시 또는 요새를 의미한다. 인트라무로스는 1606년 중남미 칼리비아 제도에 지은 스페인식 성곽으로 축조되었고, 내부 면적은 약 67.26헥타르, 길이 4.5킬로미터, 두께 8미터이고 가장 높은 데가 22미터이다. 요새를 방어하기 위해 유럽식의 요새인 돌출한 능보(稜堡, bastion)를 여러 개 만들어 강력한 방어진지를 구축하였지만 영국과 네덜란드의 침공에 유린되기도 하였다.

스페인 총독부는 외부인의 출입을 철저히 통제하여 점령자들만의 거주지로 번성하였다. 당시 만연하던 해적으로부터의 방어는 물론 중국·보르네오·인도네시아에서 상인을 포함한 다른 아시아의 여러 문명과 교역하는 데 있어서 이상적인 거점이었다. 정복지에 초대 총독이 된 레가스피는 서양의 도시건축 방식을 그대로 도입하여, 광장을 조성하고 마닐라 성당, 총독부 건물 그리고 총독관저를 지었고 인트라무로스 안에 정복자들의 주거·교회·학교를 세우고 도로도 격자형으로 만들었다. 또 인트라무로스 안에 세계문화유산으로 등재된 마닐라 성당과 성 오거스틴 교회(Church of the Immaculate Conception of San Augustin)를 건설하였다. 스페인으로부터 예수회와 같은 전도사제가 대거 도착하고 선교하면서 빠르게 크리스천화했고, 각지에 교회건축에 활발하게 일어났다. 계절풍이 불 때 강풍이 심하고 태풍과 지진과 같은 천재 피해를 입기 쉬운 점을 고려하여 교회건축을 필리핀 풍토에 맞게 개량하였다. 외부를 어떤 재난에도 버틸 수 있는 버팀벽(buttress)을 세워 건축하고, 교회

성 오거스틴 성당.

내부에 있는 측랑(側廊)을 없애고 건물 높이를 낮추었다. 필리핀 교회에는 교회 본 건물 외에 종루가 세워져 있는데 멀리서도 잘 보이는 높은 돔형 종루를 외벽에 붙여 건물을 지었다. 이는 교회가 종교적 기능 외에 위험한 상황이 벌어질 경우 주민들에게 신속히 알리는 기능도 겸하기 위함이었다고 한다. 성 오거스틴 성당과 수도원 건물은 지난 수백 년 동안 무슬림의 마닐라 침공과 수십 차례의 지진을 이겨낸 귀중한 건축물이다.

　산티아고 요새 끝에는 1896년 스페인 지배 말 필리핀 독립의 영웅 호세 리잘(José Rizal)이 사형선고를 받고 인프라무로스 감옥에서 처형된 리잘을 추모하는 추모관이 서 있다. 제2차 세계대전중에는 일본의 점령하에 수많은 필리핀인들이 수감되었다가 목숨을 잃었다고 한다. 산티아고 요새는 그래서 항일독립 유적지가 된 셈이다.

왼쪽, 성 오거스틴 성당의 머릿돌(1587년 건립).
가운데, 성 오거스틴 성당의 내부.
오른쪽, 성 오거스틴 성당의 문 조각.

〉 산티아고 요새의 정문.

요즘 우리가 보는 인트라무로스는 1945년 일본군이 점령하고 있었던 관계로 미군의 폭격을 받아 많은 부분이 파괴되어 폐허로 변한 성벽 도시를 복구한 것이다. 필리핀은 1950년 이곳을 중요한 사적지로 지정하였다.

2012년 11월 필리핀을 5년 만에 다시 찾아왔다. 이코모스 문화관광관계 전문가회의가 필리핀 북부에 있는 세계문화유산인 비간에서 개최되어 참석차 오게 되었다. 공항에서 시내는 얼마 안 되는 거리인데 시내로 들어가는 도로가 매우 어수선하고 복잡하다. 거리 질서가 자리 잡지 못한 것은 여전하다. 아시아 어느 도시를 가더라도 거리에 사람들이 넘쳐나는 것은 마찬가지다. 옛날에 비해 승합버스인 지트니는 많이 없어진 것 같고, 아반떼보다 조그만 택시도 눈에 띈다. 자전거 택시는 여전히 득실거리면서 손님을 끌려고 뒤를 따라다닌다.

도착하는 첫날, 주최측은 지난 10월 말 새로 단장하여 개관한 국립박물관 미술관에서 성대한 리셉션을 개최했다. 국립미술관은 원래 미국 식민지 시절인 1920년 필리핀 자치국회로 지어 사용해 오던 건물을 미술관으로 개조한 것이다. 우리나라에서 1990년대 헐어 없애 버린 중앙청(구 조선총독부 건물)과 비슷한 성격의 건물이라면 쉽게 알 것이다. 마닐라 시 중심부에 차지하고 있던 정부청사를 모두 국립박물관으로 만드는 계획이 추진되고 있다.

우리는 리셉션에 참석하기 전에 필리핀 회화작품을 관람했는데, 서양 회화의 뿌

필리핀 독립 영웅 호세 리잘 동상.

리가 깊다는 것을 실감할 수 있었다. 미술관 1층 중앙홀에서 마주치는 것은 대형 기록화로서 필리핀 독립과 스페인 식민지 항거를 주제로 한 거대한 작품이다. 기록화인 만큼 작품은 예술성보다도 작품에서 배어 나오는 용기와 힘이 압권이었다. 필리핀은 스페인과 미국의 오랜 식민지였기 때문에 서양의 근현대 미술을 재빨리 수용할 수 있었다. 우리나라에 현대화가 들어온 것은 일본을 통해 1920년대 처음으로 서

왼쪽, 성당에서 결혼식을 기다리는 신부.
오른쪽, 마닐라 성당.

양의 현대미술이 들어왔는데, 이와 비교하면 꽤 오래 전에 서양 회화의 기법을 익힌 것이라 할 수 있다.

또 하나 놀란 것은, 내가 이전(1980년대)에 우리나라 중앙박물관 개조공사를 경험한 일이 있기에 기간과 예산을 물어 보았더니 미술관 개축 예산은 고작 미화 1백만 불 정도가 들었다는 것이다. 놀랍다. 30년 전, 정부 중앙청사를 박물관으로 개조할때 5백억 원 정도가 든 것과 비교할 수는 없겠지만, 여하간 최소한의 비용으로 미술관으로 개조한 데 대하여 경의를 표하고 싶었다. 전시실 내부는 정부청사로 사용할 때의 창호를 그냥 두고 자외선 차양 커튼만 설치했다. 안내를 맡은 라브라도(Ana Labrador) 부관장에게 왜 창호를 그냥 두었는지, 창호를 메웠다면 그만큼 전시 벽면이 늘어나는 것이 아닌가 물어 보았다. 그녀의 대답은 예산 때문만이 아니라 건물의 외관을 그대로 두는 원칙을 세웠고, 전시실 내에 자연광을 들이기 위해서라고 설명한다.

필리핀은 다른 동남아시아보다 자원이 풍부하지 않고 농토도 비옥하지 않다. 칼리만탄의 열대림도 없고 자바의 수전지대도 없는데 이유는 상대적으로 건기가 길어서 강우량이 많지 않고 루손 섬은 북위 15-20도에 걸쳐 있어 자주 태풍이 거쳐 가는 통로가 되기 때문이라고 한다.

필리핀에는 기원은 알 수 없으나 고대 톤도 왕조가 1589년까지 존립했으나 왕조의

인트라무로스의 옛 그림.

통치 범위는 마닐라 부근에 한정되었던 것으로 본다. 대소 수천 개의 섬으로 구성된 필리핀은 배로 이동하는 수밖에 없어 지배할 수 있는 영역은 해안 정박지와 배후지역에 한정될 것이다. 또한 말레이 반도가 그러했듯이 필리핀 군도는 민족이동 경로 역할도 하여 안남(安南)에서 참파를 비롯한 오스트로네시아계 민족이 다수 이동한 것으로 학계는 보고 있다. 실제로 역사부도를 뒤져 보면 필리핀 군도는 14세기경부터 이슬람교가 전파되었으며, 인도네시아의 이슬람 왕조 마자파힛 왕조와 브루나이 왕조의 지배 영역으로 표시되어 있다. 그러므로 필리핀은 근세에 이르기까지 크고 작은 다수의 지방 술탄, 그리고 스페인 점령시대에는 가톨릭 교구에 의해 통치되었다.

마닐라 거리.

종교 면에서, 다른 나라들이 모두 서양의 종교를 전적으로 받아들이지 않는데 비하여 필리핀은 국민의 95퍼센트가 가톨릭을 믿는 나라로서 다른 동남아시아 국가와는 다른 성격을 지닌다. 어떻게 해서 이것이 가능했을까? 역사적 사실에 비추어 생각해 볼 수 있는 것은, 필리핀의 남부 술루 제도의 이슬람 술탄 지배지역을 제외하고는 수많은 여러 섬을 유효하게 지배하는 중앙집권세력이 없었다는 데 있다. 스페인 점령자들은 규모가 작은 여러 준자치공동체를 쉽게 교화시킬 수 있었던 것이다. 스페인의 지배는 지역의 통일과 국가 형성이라는 덕을 보게 된다. 앞서 이미 말했지만, 오지와 도서를 수도에서 하나의 실효성 있는 지배체제로 연결해 주었을 뿐만 아니라, 독립할 때 식민지 국경이 곧바로 신생 독립국의 국경이 되었다.

필리핀이 독립한 후 국어를 만들어 가는 과정에서 지금 쓰고 있는 국어 '타갈로그'는 마닐라 지방에서 40킬로미터 정도만 나가도 통용되지 않던 한 개의 지방 방언에 불과하였다고 한다. 문자가 없고 언어가 통일되지 않고서는 하나의 민족국가를 성립할 수 없다. 영토는 물려받았는데 국민을 통합할 단일언어가 없었던 것이다.

마닐라 거리.

1898년 미국과 스페인 전쟁 결과 미국 식민지가 되고, 50년 후 1946년 미국으로부터 독립한다. 미국의 식민지 경험은 필리핀 사람들 대부분이 영어를 구사할 수 있는 능력을 가지게 되었다. 하지만 필리핀 사람들에게 오랜 식민지 지배에 대한 원한이 없을까 살펴보았는데, 스페인 총독부 건물을 복원하면서 스페인 지배를 정당화하는 프레스코 회화가 원래대로 복원되는 것을 보면서 이들은 우리 한국 사람들과는 생각이 다르구나 하는 느낌을 받았다.

필리핀에 체류하는 동안 필리핀 국민의 자기 역사의식을 물어 보았다. 그들의 대답은, 서구세력에 대한 반감이 전혀 없고 하나의 역사적 사실로 받아들일 뿐이라고 한다. 오히려 어떤 사람들은 미개했던 필리피노(Filipino)에게 복음을 전해 주었고 근대적인 교육을 받게 해준 데 대한 감사의 마음도 있다고 하였다.

갤리언 무역선

1991년 마닐라 만 바탕가스(Batangas)에서 스페인 식민지 시절 갤리언 범선 산디아고 (San Diego)의 잔해와 실었던 유물이 다수 발굴되었다. 이 배에서는 모두 3만4천여 점의 유물이 발굴 인양되었는데 인양된 품목 중에는 중국 도자기, 일본 칼을 비롯하여 무기(대포)와 멕시코 은화 등이 포함되어 있는 갤리언 무역선이었는데, 1600년 12월 14일 네덜란드 무장 상선 '모리티우스'와 대전하다가 격침되어 침몰했던 것이다. 현재 산디아고 호에서 인양된 유물은 마닐라 국립박물관에 전시되어 있다. 나는 이번에 특별허가를 얻어 산디아고 갤리언의 잔해와 유물을 촬영할 수 있었다.

필리핀을 점령한 스페인은 이미 아시아에 먼저 도래한 포르투갈과 이미 체결했던 조약에 의거 아프리카 남단 해안을 경유하는 항로를 이용할 수 없게 되자, 마젤란에 의하여 개척한 남미 대륙 남단을 거쳐 우회하는 항로를 개척하였고, 뒤이어 식민지화한 멕시코를 이용하여 마닐라에서 태평양을 항해

휴일의 리잘 공원.

하여 아카풀코에 이르는 대양 항로를 개척하였던 것이다.

이런 사실은 최근에 알게 되었다. 예전에 멕시코시티에서 미주지역 공보관 회의에 참석하고 돌아오는 길에 아카풀코에 휴가차 들렀다 지진이 일어나는 바람에 혼비백산하여 뉴욕으로 귀환한 일이 있었다. 1977년 뉴욕 문화공보관으로 근무하던 시절의 일이다. 당시는 그저 신문 잡지에 소개되는 태평양 연안 휴양지로만 알았다. 2009년 로스앤젤레스에서 크루즈로 멕시코 연안을 내려와서 아카풀코에서 하루를 보낼 때에도 관광객에게 볼거리를 제공하기 위해 해안 절벽에서 수십 미터 아래 바다에 번지 점프하듯 뛰어내리는 이벤트를 보면서 그저 태평양 해안 유수의 관광지로만 인식했었다. 이 해안 휴양도시가 일찍이 1600년대 후반부터 아시아를 잇던 무역항이었음은 전혀 상상도 못했었다. 마닐라도 1968년 내가 최초로 해외 여행한 도시이고 1980년대에 한 번 더 가본 일이 있는 곳인데, 막연하게 스페인 식민지였던 것과 미국 식민지였던 관계로 필리핀 사람들이 영어를 다른 어떤 아시아 사람들보다 잘 구사하는구나 하는 정도로만 인식하고 있었던 것이다.

그러다가 이 책의 원고를 준비하면서 마닐라의 역사적 자료를 수집하다가 스페인이 필리핀을 식민지로 만들고 나서 마닐라를 기점으로 아시아 무역의 거점을 삼고 멀리 태평양 건너 아카풀코까지 무장 무역선을 띄운 사실을 알게 되었다. 마젤란의 필리핀을 발견 후 스페인이 식민지를 삼은 것은 50년이 채 안 된 1565년의 일이

갤리언 선의 모형.

다. 스페인 점령자들(Conquistadors)은 이때부터 동양에서 향료와 실크를 싣고 태평양을 건너 멕시코 서안 아카풀코에서 하역하고 돌아오는 길에 멕시코 은을 가지고 와서 물건을 사 가지고 갔던 것이다. 이러한 무역선을 일컬어 마닐라 갤리언(Manila Galleon)이라고 하는데, 1565년부터 1812년까지 지속되었다. 지금 우리가 운위하는 글로벌리제이션(Globalization)은 이미 이때부터 시작된 것이다. 그때 우리나라는 인도네시아 바타비아(지금의 자카르타)에서 무역품을 싣고 나가사키로 가던 중 풍랑으로 침몰한 네덜란드의 하멜 일행을 맞아 그들을 활용하지 못하고 천덕꾸러기로 방치해 두었다가 이들이 나가사키로 탈출하였다. 이들이 나가사키를 경유하여 네덜란드에 무사 귀환하여 『하멜표류기』를 내면서 서양에 비로소 코리아를 알게 되는 계기가 되었다. 우리는 이 책이 유럽에서 출판되어 조선이 소개된 사실도 까맣게 모르고 지냈다. 이 일은 임진왜란 직후의 일이다.

필리핀은 광저우 푸젠 해안과 대만으로부터 가까운 거리에 있으며, 베트남과도 머지않은 거리에 있다. 따라서 역사시대부터 중국 남해안과 베트남과의 교역은 우리가 상상하는 수준 이상이었을 것이다. 중국 이외에도 태국, 보르네오, 몰루카 제도와도 이미 교역을 한 것이다. 그러나 정복자 스페인은 필리핀을 지배한 후 모든 항구 교역을 마닐라로 집중시켰다. 마닐라를 거점으로 한 명나라와의 거래가 돈이 되는 교역이 되면서 1565년 필리핀을 식민지화한 직후 국왕 필립 2세에 주청하여 마닐라에서 멕시코 사이에 연 2척의 갤리언 상선을 왕래시키고 양쪽에 한 척씩 예비로 대기시켰다. 이익은 많이 남으나 항해 기간이 오래 걸리고, 가는 길 오는 길에 예기치 못할 풍랑과 재해, 그리고 무수한 비우호적인 지역을 통과해야 하는 지난한 항해였을 것이다. 때문에 배는 필리핀에서 조달한 단단한 목재를 사용하여 16세기에는 가장 큰 갤리언을 만들어 띄운다. 배의 무게는 1천7백 톤 내지 2천 톤으로 1천 명을 실을 수 있는 크기였다. 그리고는 마닐라와 아카풀코에서 각각 한 척씩 갤리언 두 척을 취항시켰다. 소요 항해일수는 마닐라에서 6개월, 아카풀코에서 4개월이 소요되었다. 무역선은 마닐라를 출발하여 북상하면서 대만 옆에서 북상하는 쿠로시오(黑潮, 일본 열도를 북상하는 해류)를 타고 알류샨 열도 방향으로 태평양 서안에 도달 남하하면서 멕시코까지 항해하였고, 태평양을 건너 필리핀으로 오는 항로는 서쪽으로 흐르는 적도 부근의 해류를 타고 항해하였다. 하나 흥미로운 일은 태평양을 왕래하면서 하와이 군도와 조우하지 않았다는 사실이다.

마닐라와 아카풀코 사이의 '갤리언 무역'은 1815년까지 멕시코가 스페인으로부터 독립하기 전까지 계속되었다. 갤리언 무역선이 싣고 간 상품은, 중국 푸젠 상인이 가지고 오는 향료·상아·실크·자개품 등이었는데, 모두 멕시코를 경유하여 유럽으로 보내졌다. 당시에는 중국에서 은괴로 교역이 거래되었기 때문에 스페인 갤리언 무역선은 멕시코에서 생산된 은을 교역품 결제에 이용하였다. 교역은 스페인 총독부의 독점무역이어서 스페인에게는 부를 가져다주는 사업이었다. 갤리언 무역은 1565년부터 1815년까지 250년 동안 지속되었다.

　동서양 교역의 한 허브(Hub)로서 마닐라 갤리언의 왕래는 동서양 문화교류사에 거대한 족적을 남긴다. 중국 화남지방의 상인들이 정크선으로 마닐라에 실크와 도자기와 같은 교역품을 실고 왔다. 대금은 멕시코와 일본서 생산된 은으로 결제되었는데 도중에 일본이 은의 해외 유출을 금지하는 바람에 멕시코 은화 '파타카(Pataca)'만 통용되었다. 그 영향으로 지금도 마카오의 화폐 단위는 '파타카'로 통용된다. 신대륙에서는 새로운 농산품이 들어왔다. 옥수수·고구마·땅콩·토마토는 마닐라 갤리언에 의해 필리핀을 거쳐 중국으로 유입된 새로운 식료품이다. 옥수수와 같은 식품은 비가 잘 안 오는 중국의 황토지방 등에서 잘 잘라서 구황(救荒)식품이 되었음은 잘 알려진 사실이다. 고추는 신대륙이 원산지이니, 콜럼버스에 의한 아메리카 발견 이후의 것이 아닌가. 신대륙으로부터 이런 식품이 도입되어 널리 보급되면서 중국의 인구는 18세기 이후 대폭적으로 증가했음이 통계자료로 증명되고 있다.

　현지에서 본 한 자료에 의하면, 스페인 지배자들은 이런 무

멕시코의 아카풀코 항.

역에만 열을 올려 다른 자원을 개척하는 데 게을리하였다고 한다. 마닐라가 경제적으로 번창하자 중국으로부터의 이민이 대거 필리핀으로 들어왔다. 오늘날 동남아시아 어디에 가도 다수의 중국계 화교를 만날 수 있는데 이들의 중국내 연고지는 대개 푸젠 아니면 광저우이다. 다수의 화교는 결혼을 통해 현지 동남아인들과 혼혈이 되었다. 필리핀에 이런 피가 섞인 사람을 '차이니즈 필리피노 메스티조(Chinese-Filipino Mestizo)', 즉 현지 중국어로는 화비(華菲)라고 부르는데, 숫자는 백만 명이 넘는다. 필리핀 독립의 영웅 호제 리잘, 초대 대통령 아키날도, 코라손 아키노 전 대통령도 모두 푸젠 출신 중국계 이민의 후예들이다. 맨 처음에 중국인들이 몰려든 곳은 말할 것도 없이 마닐라와 비간(Vigan)이었다.

침몰된 갤리언 선에서 출토된 유물들.

비간 역사타운

이튿날 새벽 공항으로 향했다. 비간은 마닐라에서 4백 킬로미터 떨어진 곳인데 고속도로가 없어서 직행 버스로 8시간 이상 가야 한다. 그래서 항공편으로 라오아그(Laoag) 공항에 도착하였다. 라오아그는 필리핀에서 독재로 유명했던 마르코스 대통령의 고향이라고 한다. 공항은 초라했다. 지금 확장공사중이라고는 하나 램프 브리지가 없고 사다리를 걸어서 지상으로 내려야 한다. 출발 체크인 로비는 있으나마나한 규모이고, 카운터는 두 군데, 서울 시외버스터미널 표 파는 데보다도 높은 카운터에 유리문으로 막혀 있고 짐을 넣는 곳만 뚫려 있다. 우리가 가는 비간까지는 80 킬로미터 떨어진 곳, 우리는 여기에서 22인승 버스 두 대에 짐을 꽉 싣고 남쪽으로 향하다 라오아그 시내에서 점심을 먹었다. 다시 출발하는 도중 파오아이(Paoay)에 있는 세계유산으로 등재된 성당 건물을 둘러보고 저녁 5시경 비간에 도착하였다.

　라오아그–비간 사이의 국도. 길은 잘 포장되어 있었으나 도심을 벗어나면 교통량은 굉장히 한산한 편이다. 풍경은 더운 열대지방 농촌 풍경 그대로다. 필리핀 여기저기에서 모터바이크에 사이드카를 단 차가 다목적 운송수단으로 쓰였는데 집채만한 바구니 묶음을 실어 나르는 사람, 모터바이크에 말을 싣고 가는 사람, 일가족 여섯 명이 타고 가는 모습 등 다양한 이동방법을 목격하였다. 또 운 좋게 국도와 비간 시내에서는 가톨릭식 장례행렬도 목격하였다. 비간에서는 이와 같은 교통수단이 주된 운송수단이었다. 담배 재배지가 많이 목격되었다.

　스페인의 필리핀 지배는 대체적으로 루손 섬을 중심으로 하는 북부에 한정되었고, 그것도 고산지대는 지배력이 미치지 못했다. 남부 민다나오와 이웃 도서는 해안 도시를 지배하는데 그쳐 대부분이 스페인의 지배 영역 밖에 머물렀다. 그래서 스페인이 들어오기 전에 이미 뿌리박은 이슬람의 영향력이 건재했던 것이다. 지금의 필리핀 남부의 무장 무슬림 반군을 둘러싼 불안정한 국내 정세의 단초는 이때부터 시작된 것이다.

라오아그 공항.

왼쪽, 모터바이크에 사이드카를 단 운송수단.
오른쪽, 가톨릭식의 장례 행렬.

파오아이 성당은 파오아이 교구에 1710년 세워진 교회로서 1993년 필리핀의 다른 세 개의 성당과 같이 세계문화유산으로 등재된 바로크식 건축양식을 반영한 건물이다. 건물은 본건물과 종루 건물을 따로 지었다. 그런데 이 건물은 바로크식이란 이름뿐, 세계유산 소개자료에도 '지진 바로크' 건물이라고 소개되어 있는데, 필리핀 교회건축에서 보이는 독특한 양식이라고 할 거대한 버팀벽(Buttresses)이 여러 개 세워져 있고, 건물 뒤에도 버팀벽이 구축되어 있다. 이는 이 지방에 자주 일어나는 지진과 태풍 등 자연과 기후 조건에 대비한 것이라고 한다.

내가 가보았을 때, 교회 건물 좌우의 버팀벽은 오랜 역사를 대변하듯 이끼가 끼어 있었는데, 정작 건물 안에 들어가 천정을 바라보니 철제 프레임에 지붕을 얹혀 놓은 것을 볼 수 있었다. 정면 먼 거리에서 바라본 건물의 외양(Facade)은 인도네시아에서 본 보로부두르 사원과 어딘지 닮은 인상을 받았다. 아마도 지리적으로 가까운 곳에서 서로 주고받은 문화교류가 낳은 결과물이 아닐까 생각했다.

두 시간을 달려 비간에 도착하여 타운 플라자 호텔에 여장을 풀고 바로 중앙광장(Plaza Saledo) 앞 시청사 공터에서 열린 환영회에 참석하였는데, 시청에서는 모든 외국 참가자들에게 안내봉사원을 하나씩 붙여 주었다. 중앙광장은 유럽풍 어디에서나 보이는 타운의 중심이었는데, 1571년 스페인은 정복자 후안 살세도(Juan Salcedo)에 의해 필리핀에서 세 번째로 식민지로 만들고 이곳을 '살세도 광장'으로 명명한 것이다.

재난에 대비한 파오아이 성당의 버팀벽.

비간은 세 강이 합치는 삼각주에 위치한 섬이고, 16세기에서 19세기까지 강어귀의 항구에 무역선이 닻을 내릴 수 있을 정도로 넓었다. 강물이 모래를 운반해 와 점점 강을 메우면서 육지에 연결되었고, 더 이상 무역항으로서의 역할을 하지 못하게 되었다. 4백 년 전 스페인 정복자 콘키스타도르(Conquistador)는 강력한 왕조체제를 갖지 못했던 이 벌판에 식민지를 개척하였는데, 스페인풍의 방대한 타운 광장을 조성하여 행정관아를 짓고 성당을 세워 놓았다. 비간에서 내가 가졌던 느낌과 의문은 그런 규모의 도시시설 조성이 어떻게 가능했는가 하는 것이다.

가톨릭 주교관도 가보았다. 마닐라–아카풀코 무역으로 들어온 스페인 제품이 가득하다. 주교관 안에 전시된 제단(Altar)은 은으로 만들어져 있는데 모두 멕시코산 은이라고 했다. 여기서도 나의 느낌은 그렇게 큰 주교관은 누구의 신앙생활을 위해 필요했는가 하는 것이었는데, 가톨릭을 필리핀 사람들과 메스티조에게 잘도 전파하였구나 하는 생각이 들었다. 여기서 얻은 하나의 해답은 필리핀 메스티조의 탄생과 그들의 역할이다. 도교나 불교를 믿던 중국인들이 여기서는 부를 일구고 그것을 유지하기 위해 종교를 가지게 되었고, 가톨릭을 믿게 된 것이다.

비간은 중국 상인들이 개척한 곳으로 18–19세기에 번영의 절정을 이룬다. 비간의 현재 인구는 5만 명이고, 인구 중 20퍼센트는 '메스티조'라고 한다. 중국의 타이판(大班, Taipan: 과거 중국에서 일컫던 거상을 뜻함)은 마닐라 갤리언 무역에 대거 참여하면서, 마닐라에 최초의 차이나타운을 형성할 정도로 많이 이주하여 왔다. 일부는 비간을 근거지로, 중국에서 실크와 도자기 등을 수입하면서, 쪽물(Indigo dye) 들인 수제 직포·벌꿀 왁스·금·담배 등을 수출하여 부를 축적하였다. 그리고 그들은 여기에 거대한 저택을 지어 살며 땅을 사 모아 장원주 노릇을 하

위, 비간의 살세도 광장.
아래, 1876년의 살세도 광장. 사진제공 비간 시청

였다. 필리핀 화교는 점점 스페인과 원주민과 혼혈이 되면서 독특한 민족 그룹을 형성한다. 비간에서는 이들 혼혈 그룹을 '비구에노스(Bigueños)'라고 부른다.

저녁은 부르고스 저택 정원에서 필리핀 향토음식을 대접받았다. 우리가 대접받은 음식은 필리핀 전통음식 뷔페였는데, 7천 개 이상의 도서로 구성된 필리핀 음식은 지방마다 먹거리가 다양하겠지만 오랜 세월 말레이·스페인·중국·미국의 영향을 많이 받아 퓨전 음식이란 느낌이 든다. 종류도 많지 않아 5-6개 정도의 요리였는데, 긴 쌀밥에 육류는 튀기거나 스튜 형식으로 나왔고, 채소는 날것이 거의 없고 찌거나 삶은 것이었으며, 내놓은 과일도 그리 맛있는 편은 아니었다.

부르고스 저택은 1788년 필리핀 사람 파드르 부르고스 신부가 지은 2층 주택으로 일로코스 공예품, 일로코스 지방의 생활도구 및 회화가 보존되어 있는 200년 이상 된 고건물로 문화재로 지정되어 국립박물관 비간 분관으로 관리되고 있다. 부르고스 신부는 1807년 농민반란에 참여하여 처형된 인물이라 하며, 필리핀 영웅으로 추앙받고 있는 호제 리잘(Jose Rizal) 전기에도 등장하는 인물이라고 한다. 이처럼 스페인 통치에 항거하는 농민 봉기도 있었다. 17세기에 들어 현지 주민의 불만이 비등하자 총독부는 북부 루손 섬 일로코스 현 일대에 담배 재배를 장려하고 보급하였다. 지금도 이 일대는 유수한 담배 산지가 되어 있다.

이틀간의 회의가 끝나고 비간 문화유산 거리 산책에 들어갔다. 비간 주요부는 중

필리핀 요리를 설명한 그림.

국인들의 거리이다. 문화유산 거리에는 어느 근세 유럽의 소도시를 방불하게 할 정도로 스페인풍과 중국풍의 건축이 잘 조화된 2층짜리 건물이 즐비하다. 역사도시 비간은 아시아 열대지방 도시에 필리핀 일로카노(Ilcano, 현 명칭은 토착 부족의 이름을 딴 것임) 전통과 스페인풍과 중국풍의 건축양식이 혼합되어 퓨전 양식을 만들어 낸 독특한 구조를 하고 있다. 건물은 대단히 견고하게 지어져 있다. 이러한 견고한 건축군이 들어선 것은 중국인들이 아니었으면 불가능했을 것이다.

　건물은 대개 2층 벽돌집인데, 아래층은 사무실 겸 창고로 쓰이고 2층은 주거용으로 썼다. 도로면으로 문이 여러 개 나 있는 건물도 보이는데, 당시의 마차 등이 출입할 수 있을 정도의 크기이다. 시 자료에 의하면, 보존가치가 있는 건물이 290동을 넘는다고 한다. 잘 유지 관리되고 있는 거리는 유산마을(Heritage Village)라고 명명하여 관광과 쇼핑의 명소가 되어 있다. 그리고 몇몇 집은 식당으로 쓰이고 있다. 나는 호이안(베트남)과 말라카(말레이시아)와 피낭을 돌아보았는데 모두 중국 화교들이 일군 곳이었지만, 여기처럼 규모 있고 많은 주상복합 저택은 처음 보았다.

　우리가 체류하는 동안 비간 시장은 유네스코에서 주는 상을 수령하러 일본에 출장가고 없었는데, 비간은 주민참여도가 높고 지속적이고 다각적인 보존 노력을 인정받아, 일본 교토에서 열린 세계유산협약 40주년 기념식전에서 유네스코가 실시한 '최우수 유산관리상(Award for Best Practice Heritage Management Site)'을 받았다.

〉 비간 역사유산 거리의 건축물.

유산 거리를 산책하고 난 후, 우리는 전통 가내공업 형태로 유지되고 있는 베틀집으로 안내되었다. 자료에 의하면, 아벨 룸(Abel Loom)이라고 하는 손으로 짠 면포는 이미 식민지 이전부터 향토 산물로 자리 잡은 것이다. 면직물의 질이 좋고 튼튼하여, 스페인 정복자들은 이를 갤리언 배의 돛(Sail)을 만드는 데 사용한 것으로 기록되어 있을 정도이다.

비간 교외에 있는 베틀 짜는 집을 구경하였는데, 전통 방식의 손베틀이 10여 대 있었다. 아낙네들이 베틀에서 불과 60센티미터 폭의 면포를 부지런히 짜고 있었는데 90세 할머니가 현역에서 일하고 있는 모습을 매우 인상적이었다. 요즘 나오는 면포는 염색 기술도 많이 발전되어 곱고 질겨 테이블 크로스와 러너(Runner)로 해외에서도 인기가 많다고 한다.

점심은 '퀘마 하우스(Quema House)'라는 가정집 점심에 초대되었다. 2층짜리 전형적인 비간의 저택이었는데, 아래층은 별로 사용하지 않고 2층만 주거용으로 사용하고 있었다. 면적은 줄잡아도 백여 평이 되는 듯싶었고, 넓은 주방과 식당 거실 등이 인상적이었다. 마닐라에서 사는 메스티조 후예가 소유 관리하는 집이라 한다. 분홍 보겐빌리아가 만발한 이 집은 메스티조의 후손의 집으로 마닐라에서 살면서 이 저택을 유지하고 있는데, 집안의 가구며, 접대용 접시들이 50여 명을 초대하기에 손색이 없었다.

위, 전통 방식의 손베틀로 옷감을 짜는 노인.
아래, 비간식 저택인 퀘마 하우스.

살세도 플라자의 성 바울 성당은 우리가 도착하는 날부터 외벽을 새로 칠하는 모습을 보았다. 서너 명의 인부들이 벽에 간단한 비계(飛階-외벽에 엮여 맨 발판. 공사현장에서는 '아시바[足場]'라고도 함)를 세워 놓고는 벽에 매달려 작업을 하고 있었다. 3일 체류 후 떠나는 날 외벽 칠을 거의 다 완료하고 십자가를 금색으로 칠하는 모습을 보며 비간을 떠나왔다.

Map labels:
우크라이나
몰도바
헝가리
수체야바
바이아마레
클루지나포카
루마니아
리메티아
회의한 곳
뮌헨에서 출발
알바이울리아
시기쇼하라
시비우
브라쇼브
유고
슬라비아
버스 부쿠레슈티

육로
비행
숙박지

루마니아-불가리아-터키 여정.

후기

맨 처음 2005년에 내놓은 『세계의 역사마을·1』은 원래 책의 제목이 가리키는 바와 같이, 주로 유네스코 세계문화유산 가운데 자연부락 단위의 문화유산을 다룬 것이었다. 이야기는 하회마을의 세계유산 등재 활동에 참여하던 중, 세계유산 중의 '역사마을(Historic Village)'에 관한, 세계의 오래된 취락으로 농사를 짓는 마을을 다루려고 시작한 것이었으나, 이런 역사적 마을은 몇 개에 불과하였다. 정주하는 농사 마을이 없어졌기 때문이다. 농사 이외의 다른 삶을 영위하던 사람들의 마을은 어떨까 생각하다가 2권에서 중국의 실크로드를 따라가 보았다. 이리저리 지그재그하면서, 사막에 얽힌 유목민의 모습을 찾아보았다. 사막과 초원에서 살아가는 사람들은 유목민이다. 유목민은 항상 가족단위로 목축과 더불어 옮겨 가면서 살게 되니까 주거유적이 남지 않고 마을을 일굴 필요가 없다.

2권에서 나는 중국 시안에서 시작되는 실크로드의 시작 부분만 보게 된 것에 불과하다. 그렇지만 항상 자료 부족을 느껴, 둔황을 다시 가고, 닝샤후이족자치구를 비롯하여 내몽고 오르도스의 유목민족, 만주의 발해와 청나라 유적을 어렵사리 답사하였다. 전 코스를 답사하고 싶었지만, 한 개인이 전 코스를 답사한다는 것은 체력적으로 어려운 도전이 아닐 수 없었다. 더군다나 중앙아시아 5개국과 이란을 잇는 실크로드는 입국 수속도 어렵고 비용도 만만치 않아 쉬운 일이 아니었다.

3권을 쓰려고 욕심내게 된 것은 2009년도 이코모스 토착건축학술분과위원회(ICOMOS-CIAV) 심포지엄이 루마니아 두메산골 리메티아라는 곳에서 열린 후 답사여행지로 트란실바니아를 한 바퀴 도는 일정을 다녀왔기 때문이다. 그때 무리를 해서 루마니아에서 불가리아를 거쳐 터키까지 나 홀로 기차여행을 했다. 그때의 일정은 다음과 같다.

루마니아-불가리아-터키 2009. 5. 18. - 6. 5.

루마니아(12박13일)

서울(항공편)-〈독일〉 뮌헨(항공편) -〈루마니아〉 시비우(전세버스)-〉알바이울리아-리메티아-시기쇼하라-브라쇼브-수체비아-캄푸룽-사판타-바이아마레-시비우-〉부쿠레슈티

불가리아(자동차를 렌트한 1박2일의 짧은 여행)

부쿠레슈티(국제열차)-〈불가리아〉 소피아 (렌트카)-〉플로브디브-카잔라크-코프리비스타-〉소피아

터키(4박5일)

소피아(국제열차)-〈터키〉 이스탄불(항공편)-〉이즈밀(패키지 투어)-〉파묵칼레-에페소스-쿠사나디-〉이즈밀(항공편)-〉이스탄불-〉뮌헨(항공편)-〉서울

중앙아시아로의 실크로드 여행은 만만치 않은 도전이고, 답사해야 할 국가도 엄청 늘어난다. 여행이 힘들게 되자 대안으로 바다의 실크로드를 떠올렸다. 중앙아시아를 포기하고, 바다의 실크로드 취재를 열심히 하고 1차 원고를 마무리할 무렵에 2012년 7월, ICOMOS 답사팀의 일원으로 카자흐스탄을 여행할 기회가 생겨 동서문명의 십자로격인 스텝 로드의 유목민족의 역사와 문화를 추가할 수 있었다.

바다의 실크로드를 택한 것은 오히려 행운이었다. 동남아시아 해안 여러 나라 실크로드 이야기를 쓰면서 유목민족의 서진과 유럽 항해 정복자들의 동점이란 주제를 설정할 수 있게 되었던 것이다.

바다를 이용한 인간의 왕래는 역사 이전부터 있어 왔던 교역로이며 바다 통행은 육지보다도 더 활발하게

루마니아–불가리아–터키 여정.

이루어졌다. 8세기 구법승 혜초(慧超)가 해로를 이용해 당(唐)에 귀환한 것이나, 14세기 마르코 폴로가 베네치아로 돌아갈 때에 이용한 귀로가 바로 해로였던 것이 바다의 실크로드의 실재를 잘 말해 준다.

그래서 지역을 남부 중국과 동남아시아로 한정시켜 보았다. 마침 몇 년 전에 필리핀 코르디레라스 지방에 다녀온 자료가 있고 오키나와도 답사해 둔 자료가 있었다. 중국 남부 즉 화남(華南) 지방 푸젠성을 기점으로 하여 이야기를 전개하고자 계획을 세우고 답사하려 했는데 실천에 옮기지 못했다.

2010년 겨울, 나는 상하이에서 광저우를 거쳐 홍콩으로 이어지는 해안부를 여행할 생각으로 푸저우(福州)에 들려 19세기 중반 영국과 아편전쟁을 치르던 당시의 인물 임측서(林則徐)기념관을 들러보던 중 불의에 당한 사고로 여행경비를 몽땅 잃어버리게 되었다. 더 이상 홀로 여행은 불가능해졌고 또 감당하기도 어렵게 되었다. 다행히 사진촬영팀과 합류하여 겨우 샤푸(霞浦)와 샤먼(廈門)을 답사하고 돌아왔다.

고대로부터 중국 저장성 항저우(杭州) 근처의 닝보(寧波) 항은 한반도와 일본에서의 왕래에 많이 이용된 곳으로 알려졌다, 광저우에는 이슬람 사원도 이미 8세기경부터 들어서 있을 정도로 아랍 상인과의 교역이 오래된 곳이다. 오늘의 중국의 고속 발전을 리드하는 지역은 화중(華中), 화남(華南) 지방 등 바다에 면한 해안부 지역이다.

그렇지만 중국, 동남아시아와 일본 답사여행은 무수한 조각 여행이 합쳐진 것이다. 2011년 여름, 나는 교회의 의료선교 여행에 참여하여 인도네시아 동부 자바 지역을 여행할 기회에 인도네시아의 문화유적이며 세계유산인 보로부두르 불교사원 유적과 프람바난 힌두교 유적을 답사할 수 있었다. 귀로에는 태국과 말레이시아 기차여행을 감행했다. 그리고 이해 11월, 하노이와 하롱베이 일대를 패키지로 다녀왔다. 글을 쓰

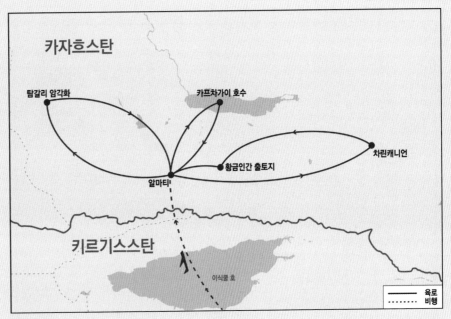

카자흐스탄 스텝 지역 여정.

다가 유럽 국가가 동남아시아에 진출하면서 생긴 흥미진진한 역사와 유럽과 마카오 그리고 일본 나가사키 사이의 교역이 등장하여, 이곳에 대한 실제 답사와 영상자료가 아쉬워 지난해 봄 마카오와 홍콩 그리고 나가사키를 여행하면서 자료를 모았다. 제3권의 원고를 거의 마무리할 무렵 필리핀 여행 기회가 생겨 세계유산도시 비간과 갤리언 무역 이야기를 덧붙일 수 있게 되었다.

네팔

부탄

중국

북한

동해

서울 대한민국

일본

황해

나가사키

상해

나하

버마

방글라데시

라오스

하노이

마카오 홍콩

대만

캄보디아

태국

비간

필리핀

베트남

마닐라

방콕

피낭

쿠알라룸푸르

말레이시아

싱가폴

인도네시아

자카르타

육로

비행

동남아시아 여정.

세계의 역사마을 제3권은 제1권서부터 이어진 시리즈이긴 하지만, 제1권에서는 주로 농촌 전원마을로 등재된 세계유산을 찾아다녔고, 2권은 실크로드를 쫓아가 이야기를 엮어 보려 했지만, 드넓은 스케일에 개인적으로 엮어 내기에는 너무나 벅찬 주제였다. 그런데 제3권은 계획없이 시작하였는데, 나름대로 하나의 주제가 형성되어 한 권의 역사문화기행으로 내놓을 수 있게 된 데에 만족한 기쁨을 느낀다.

　아시아의 유목민족이 몽골 알타이 지방에서 서진하여 유럽 민족을 서쪽으로 밀고 그 자리에 유목민족 국가를 세웠다는 점, 여기에 압력을 받은 유럽 나라들은 아시아의 무역을 위해 아프리카를 도는 먼 우회로를 택하였을 뿐만 아니라, 나중에는 이 항해자들이 정복자로 변화여 아시아를 통치하기에 이른 것이다. 생각해 보면, 한족(漢族)에게 쫓겨 서쪽으로 간 사람들이 유럽 사람들을 서쪽으로 밀어내 결국 이들이 아이러니하게 바닷길을 통해 중국과 아시아로 정복자가 되어 나타난 것이다.